화학자 홍 교수의 식물탐구 생활

화학자 홍 교수의 식물탐구 생활

숲의 인문학

나무

홍영식 글과 사진

황소걸음
Slow & Steady

머리말

풀과 나무를 알아가는 즐거움, 풀과 나무로 알게 되는 즐거움

갈릴레오는 망원경으로 하늘을 봤다. 달의 바다와 태양의 흑점, 목성의 위성. 지평선을 바라보던 것과 완전히 다른 세계가 펼쳐졌다. 갈릴레오에게 망원경이 있었다면, 내게는 영화 〈남한산성〉의 민들레가 있었다.

몽골 연수 후 돌아오는 비행기에서 우연히 본 〈남한산성〉에 나오는 민들레의 영어 자막 dandelion. 댄들라이언? 라이언? 민들레 잎이 사자 이빨처럼 들쭉날쭉해서 붙은 프랑스어 당들리옹dent-de-lion에서 유래했다고? 민들레는 '문 둘레에 피는 꽃'이라는 우리말에서 비롯한 이름이라고? 예전의 친구들이 반가워서 그랬을까? 이후 산, 들, 공원… 가는 곳마다 풀과 나무가 눈에 들어왔다.

화학과 물리 교사였으나 30년간 곤충의 생태를 관찰해서 《곤충기》를 쓴 파브르를 롤 모델 삼아 풀과 나무를 공부하기 시작했다. 처음에는 막막했지만 벽을 묵묵히 타고 오르는 담쟁이가 내게 용기를 줬고, 풀과 나무를 알아가는 즐거움, 풀과 나무로 알게 되는 즐거움이 컸다. 틈틈이 모아둔 그 즐거움을 책으로 펴낸다. 화학을 전공했기에 일부 오류가 있을 수 있다. 그럼에도 나의 식물 탐구 생활에 동일한 감정이입이 있기를 간절히 소망한다.

2024년 늦봄

홍영식

차례

봄

여름

가을

겨울

화학자 홍 교수의
식물 탐구 생활

봄

개나리와 '개이득'

개나리

귀를 에는 듯한 바람에도 곳곳에 봄기운이 돈다. 서울 도심에 자리 잡은 아담한 서울교육대학교 교정에 자연의 시간에 따라 산수유, 목련, 진달래가 차례대로 꽃을 피우고 있다. 잠시 후면 살구나무, 벚나무, 수수꽃다리, 라일락과 산철쭉이 봄꽃의 향연을 이어갈 테다. 그렇지만 봄 하면 역시 언덕 곳곳을 샛노랗게 물들이는 개나리다.

우리나라가 원산인 개나리는 길가, 강둑, 울타리 등에서 오래 함께한 나무다. 길게 뻗은 가지마다 튀밥이 다닥다닥 붙은 것 같다고 '튀밥꽃'으로도 불렀다. 서양에서는 이를 개량해 '황금종나무goldenbell tree'라 한다.

개나리 이름의 유래에는 여러 설이 있다. 그중 하나는 나리보다 못한 개나리다. 접두어 '개-'는 야생 상태를 나타내거나 (개꿀), 질이 떨어지는 경우(개떡, 개살구), '헛된' '쓸데없는'을 뜻하거나(개꿈, 개수작), 부정적인 명사에 붙어 정도가 심한 것(개망나니)을 나타낸다. 봄에 피는 개나리는 물푸레나무과로 백합과인 나리와 다른 과에 들며, 통꽃이 네 개로 갈라지는 나무다. 나리는 통꽃이 여섯 개로 갈라지고 여름에 꽃이 피는 풀로, 애초에 비교 대상이 아니다.

그런데 왜 개나리일까? 요즘 '개-'는 '개이득'처럼 '매우, 정말'이라는 뜻으로 쓰인다. 젊은 세대의 사회에 대한 불만과 부정적인 심리를 역설적으로 표현하는 접두사로 변형된 것이다. '개멋져' '개꿀잼' 같은 유행어가 기성세대에게는 어색하지만, 개나리도 개이득처럼 '정말 예쁜 나리'라는 뜻으로 해석하면 긍정의 억측일까? 드물게 보이는 나리와 달리 여기저기 흔하게 피어서 개나리라고도 한다. 개나리는 서울시를 상징하는 꽃이다.

개나리 수술우세꽃

개나리 암술우세꽃

개나리는 잎보다 꽃이 먼저 핀다. 꽃이 피는 데는 개화호르몬이 관여하며, 광주기성[1]과 온도 등의 영향을 받는다. 봄꽃도 실상은 지난해에 생긴 꽃눈이 날씨가 따뜻해지면 '아! 드디어 봄인가?' 하고 기지개를 켜는 것이다. 가끔 겨울에 핀 봄꽃은 따뜻한 겨울을 봄으로 착각한 '철없는' 꽃이다.

1 낮과 밤의 길이에 따라 일어나는 반응이다. 많은 식물은 피토크로뮴 같은 광수용체로 밤의 길이에 따른 계절의 변화를 감지한다.

개나리는 네 개로 갈라진 통꽃 안에 암술 하나와 수술 두 개가 있는 양성화다. 암술이 수술보다 짧은 수술우세꽃(단주화)과 암술이 긴 암술우세꽃(장주화)이 있는데, 수술우세꽃이 대부분이다. 이는 딴꽃가루받이로 유전적 다양성을 확보하려는 개나리의 생존 전략이다. 실제로는 가지를 꺾어 꽂기만 해도 잘 번식하기 때문에 꽃가루받이에 따른 열매는 거의 볼 수 없다. 개나리 열매 연교는 인동덩굴 꽃인 금은화와 함께 목감기에 효능이 좋은 한방 생약 '은교산'의 주재료다. 은교산은 코로나-19 팬데믹 시기에 품귀 현상을 빚기도 했다.

개나리가 곳곳에 노란 꽃그늘을 만드는 봄이다. 교정에서 암술우세꽃을 찾아 나섰다. 전산관과 도서관 비탈에 핀 개나리를 하나하나 살핀다. 올봄에는 볼 수 없으려나 아쉬워할 즈음, 인문관 구석에서 노랑 병아리 같은 개나리 암술우세꽃을 만났다.

하얀 목련이 필 때면

백목련

가수 양희은은 서른 살이 되던 해, 난소암 말기 3개월 시한부 진단을 받았다. 입원 중이던 어느 날, 친구가 편지를 보내왔다. "오늘 너와 똑같은 병으로 세상을 뜬 사람의 장례식장에 다녀왔다. 넌 잘 살고 있니? 싸워서 이겨…." 창밖에는 하얀 목련이 눈부시게 피어나고 있었다. 생사의 기로에 선 그녀는 절박한 심정으로 시를 써 내려갔다. 이후 기적적으로 완치됐고, 그 시에 곡을 붙인 노래가 봄날의 쓸쓸함과 외로움이 애절하

목련

자주목련

게 묻어나는 '하얀 목련'(1983년)이다.

하얀 목련이 필 때면 다시 생각나는 사람은 누구였을까? 목련은 그런 꽃이다. 봄에 피는 새하얀 꽃에서 누군가 떠오르고 생명의 따스함을 느끼지만, 봄비 내린 거리마다 갈색으로 변해가는 모습은 샛노랗던 바나나가 차츰 점박이로 그리고 짙은 갈색이 되는 데서 인생의 마지막을 보는 듯 안쓰럽기 그지없다. 마침내 바닥에 나뒹구는 꽃잎은 마음 깊은 곳에서 장탄식

일본목련

일본목련 열매

을 불러일으킨다.

목련木蓮은 '나무에 핀 연꽃'이다. 흔히 목련이라 부르는 것은 꽃받침 세 장이 포근한 꽃잎 여섯 장을 받치는 중국 원산 백목련이다. 우리나라에 자생하는 목련은 야리야리한 꽃잎 여섯 장이 소박하게 갈라진다. 자목련으로 부르는 것도 실은 꽃잎 바깥쪽은 자주색, 안쪽은 흰색인 자주목련이다. 자목련은 안팎이 모두 자주색이다. 일본목련은 다른 목련과 달리 잎이 먼저 난 뒤에 꽃이 피고, 커다란 잎이 햇빛을 가려 다른 식물의 성장을 방해한다. 열매는 도깨비방망이 같다.

이른 봄에 꽃이 피는 백목련은 봄을 맞이하는 영춘화迎春化, 늦봄에 피는 자목련은 봄을 보내는 망춘화忘春化로 불린다. 꽃은 대부분 식물이 햇빛을 받는 남쪽으로 기울어 피는데, 목련은 꽃이 북쪽을 향하기 때문에 북향화北向花라고도 한다.

김훈 작가는 산문집 《자전거 여행1》(2014년)에서 초라하고 추해 보이는 목련의 낙화를 변호하고 사랑과 작별의 의미를 되새기며 "천천히 진행되는 말기 암 환자처럼, 그 꽃은 죽음이 요구하는 모든 고통을 다 바치고 나서야 비로소 떨어진다"고 썼다. 그런데 나는 왜 투병 중인 양희은에게 오늘 너와 똑같은 병으로 세상을 뜬 사람의 장례식장에 다녀왔다고 쓴 친구의 편지가 생뚱맞다고 느껴질까?

'아스피린'을 낳은 버드나무

버드나무

버드나무 가지에 연둣빛이 돌면 만물이 약동하는 봄이 온 것이다. 그 연둣빛은 다가가 살펴보면 새순이 아니라 꽃이다. 버드나무는 가지가 시원하게 쭉쭉 '벋은' 모습에서 혹은 가지가 부드럽다는 '부들나무'에서 유래한 이름이다. 태조 이성계의 버들잎 설화가 전하는, 강가나 우물가에 흔한 나무다.

고려 말, 사냥을 나간 이성계 장군은 우물가에서 한 여인에게 물을 청한다. 여인은 바가지에 버들잎을 띄워 건네면서 말했다. "갈증이 심할 터인데 체하지 않도록 버들잎을 불며 천천히 드십시오." 이 여인이 뒷날 조선 태조 이성계의 둘째 부인이자 태종 이방원의 정적으로 파란만장하게 산 신덕왕후 강씨다. 비슷한 일화는 고려 태조 왕건과 둘째 부인 장화왕후 오씨 사이에도 전한다. 오마주[2]일까, 표절일까?

태조의 갈증을 풀어준 버드나무는 인류의 통증도 가라앉혔다. 버드나무 껍질의 해열 · 진통 효과는 오래전부터 알려졌다. 이순신 장군이 과거를 치르다가 말에서 떨어져 정강이가 부러지자, 버드나무 가지로 엮은 부목을 대고 끝까지 시험에 임한 일화가 있다. 양치질도 '양지질'에서 유래한다. 버들 양楊에 가지 지枝를 쓰는 양지는 예부터 치통에 좋아, 이를 닦는 데 썼다. '이쑤시개'를 뜻하는 요지는 양지의 일본어 발음이다.

버드나무 껍질의 진통 효과는 살리신 성분에 기인한다. 그러나 이를 개량한 살리실산은 쓴맛이 강하고 위벽을 자극해서 구토와 설사 등 부작용을 일으켰다. 독일 제약 회사 바이엘의 펠릭스 호프만은 이에 착안, 1899년 '아스피린'을 개발했다. 그는 류머티즘으로 고생하는 아버지를 위해 살리실산과 무수아세트산을 반응시켜 최초의 의약품이자 전 세계에서 가장 많이

2 프랑스어로 '존경' '감사'를 뜻하며, 원작을 의도적으로 부각해서 존경의 의미를 담는 표현 방식이다.

팔린 해열진통제를 선보였다.

아스피린의 버드나무가 새롭게 다가온 것은 영화 〈칠드런 액트〉(2017년)[3]에서다. 판사 피오나에게 걸려온 전화 한 통. 백혈병에 걸린 소년 애덤과 그 부모가 종교적 이유로 수혈을 거부하자, 병원은 치료를 위해 법원에 제소한다. 병원으로 간 피오나가 면담을 마치고 일어서는 순간, 병상에 놓인 기타가 눈에 띈다. 기타를 배운 지 4주 됐다는 애덤은 윌리엄 버틀러 예이츠[4]가 아일랜드 민요에서 영감을 얻어 쓴 시에 곡을 붙인 '샐리 가든The Salley Gardens'을 연주하고, 피오나는 따라 부른다. 애덤은 그 순간 형용할 수 없는 감정에 빠져든다. 샐리는 갯버들을 뜻하는 영어 샐로sallow의 아일랜드 말이다.

문학사상 가장 낭만적 시인으로 평가받는 예이츠는 1889년 모드 곤[5]을 만난다. 아름다운 그녀는 아일랜드의 독립을 위해 열정을 바친 혁명가다. 예이츠는 환심을 사려고 민족주의에도 관심을 보이며 애정 공세를 펼쳤으나, 그녀는 그의 구혼을 거절한다. 30년 동안 자신의 뮤즈를 향해 50편이 넘는 시를 남긴 예이츠는 그녀의 남편이 죽자 51세에 다시 청혼했지만 거절당한다. 절망한 예이츠는 이듬해 자신을 따르던 27년 연하 여인

3 미성년자 관련 사건에서 아동복지를 최우선으로 고려할 것을 명시한 영국의 아동법 'The Children Act'를 다룬 동명 소설을 영화화한 작품.

4 1923년 노벨 문학상을 받은 아일랜드의 국민 시인이자 극작가.

5 그녀의 아들 숀 맥브라이드는 유럽평의회, 국제앰네스티 등에서 활동하며 인권 보호에 기여한 공로로 1974년 노벨 평화상을 받았다.

왕버들

수양버들

과 결혼하면서 새로운 시적 전환기를 맞이한다.

피오나의 판결로 건강을 회복한 애덤. 종교적인 신념은 흔들리고 자신의 삶에 등불을 밝힌 피오나와 함께 시와 인생 이야기를 하고 싶다. 급기야 빗속을 뚫고 그녀의 출장지까지 찾아간다. 그는 세계 일주를 꿈꾸며 말한다. “판사님이랑 같이 살래요.” 피오나가 매몰차게 거절하고 얼마 후, 애덤은 백혈병이 재발한다. 음악회에서 피아노를 연주하던 피오나는 그가

갯버들

무늬개키버들

위급하다는 쪽지를 받는다. 잠시 멈칫하던 그녀는 홀린 듯 '샐리 가든'을 연주하며 노래 부르기 시작한다. "Down by the Sally Gardens my love and I did meet(샐리 가든에서 내 사랑을 만났지)…." 애덤이 좋아한 2절을 부르던 그녀는 벌떡 일어나 병원으로 달려간다. 그러나 성인이 된 애덤은 수혈을 거부한 채 죽는다. 예이츠의 모드 곤을 향한 불꽃 같은 짝사랑이 낳은 명시 '샐리 가든'도, 삶과 죽음의 경계에 선 아름다운 소년과 완벽주의 판사의 선택과 회한도 눈물겹다.

용버들

얼마 후, '갯가의 버드나무' 갯버들을 만났다. 꽃이 강아지 꼬리를 닮아서 '버들강아지'라고도 하는데, 감촉은 강아지 솜털보다 훨씬 부드럽다. 유럽 최고 정원수로 사랑받는 무늬개키버들도 신기하다. 이번에는 멀리서 보면 연분홍 꽃 같지만, 다가가면 잎이다. 용버들 잎과 가지는 용처럼 하늘을 향해 꿈틀거린다. 아! 어찌하여 사랑스러운 이들을 지금에야 만났을까? '샐리 가든'의 선율 따라 찰랑이는 춘심이다.

춘래불사춘의 영춘화와 봄맞이

영춘화

2000년까지 정수장으로 쓰이던 선유도공원에서 매화가 지고, 살구꽃이 피고, 벚꽃도 필 준비를 할 즈음, 언뜻 보면 개나리로 착각하는 노란 꽃을 만났다. 오매불망 기다리던 봄을 맞이하는 꽃, 영춘화다.

'중국개나리'로도 불리는 영춘화는 늘어뜨린 가지가 네모나게 각이 졌고 녹색을 띤다. 통꽃이 네 갈래로 갈라지는 개나리와 달리, 여섯 개로 갈라진다. 일본에서는 매화와 비슷한 시기

봄맞이

에 노란 꽃을 피운다고 오바이黃梅라 하지만, 매화와 다르다. 영춘화는 조선 시대에 장원급제자의 사모를 장식하는 어사화로 쓰이기도 했다.

정작 봄을 맞이한다는 풀꽃 봄맞이는 때늦은 4월에야 보일락말락 앙증맞은 꽃을 피운다. 김승기 시인은 "봄이 끝날 쯤에서야 꽃을 피우는 / 게으른 것이 / 어쩜 이리도 과분한 이름이 있을까"라며 시샘한다. 작고 소박하기 그지없어 일부러 찾지 않으면 그냥 지나치고 만다. 작고 흰 꽃은 '땅에 매화가 점으로 피어난 것 같다'고 점지매點地梅라 불린다.

영춘화가 피고 게으른 봄맞이도 기지개를 켜고 있건만, 교정은 코로나-19로 한때 춘래불사춘春來不似春(봄이 왔으되 봄 같지 않다)의 시간을 보냈다.

중국 전한 시대의 풍습과 제도, 일상생활 등을 기록한 《서경잡기》에 따르면, 원제는 흉노와 화친을 맺고자 흉노로 보낼 궁녀들의 초상화를 그리게 했다. 그런데 화공은 뇌물을 바치지 않는 한 궁녀를 일부러 추하게 그렸다. 원제는 초상화만 보고 흉노에 보낼 궁녀를 택했다. 그녀가 바로 양귀비, 서시, 《삼국지연의》(1522년)의 초선과 함께 중국의 4대 미인[6]이자, '낙안落雁(날아가던 기러기가 반해 날갯짓을 잊고 떨어진다)의 미모' 왕소군이다. 흉노 땅에 끌려간 왕소군은 흉노의 왕비가 되어 다시는 고향으로 돌아오지 못했다.

이런 사연과 함께 이국땅에서 외로이 살다 간 왕소군의 슬픈 이야기는 중국 사람들의 심금을 울리는 시와 소설의 소재가 됐다. 그 가운데 당나라 시인 동방규가 지은 '소군원삼수昭君怨三首'에 나오는 구절이 "호지무화초胡地無花草 춘래불사춘春來不似春(오랑캐 땅에 화초가 없으니, 봄이 와도 봄 같지 않다)"이다.

6 양귀비는 그녀를 본 꽃조차 부끄러워 꽃잎을 닫아서 수화(羞花), 초선은 달마저 구름 속으로 숨어서 폐월(閉月), 서시는 물고기가 헤엄치는 것을 잊고 가라앉아서 침어(沈漁)의 미모라 한다.

봄이면 교내 게시판과 강의실 곳곳에 동아리를 소개하는 광고가 나붙는다. '3월이라 봄이겠니, 네가 와서 봄이란다' '향기롭고 따뜻해서 봄이 온 줄 알았는데 새내기가 온 거였구나!'…. 대학의 봄은 동아리를 광고하는 선배들의 영춘화 같은 호객 행위와 그 앞을 서성이며 기웃거리다가 느지막이 동아리에 가입하는 봄맞이 같은 새내기의 '밀당'에서 시작된다. 춘래불사춘의 시간은 가고, 선배들과 새내기의 웃음꽃이 활짝 핀 봄이 봄 같은 요즘이다.

벚나무 열매는 벚?

벚꽃

봄은 누가 뭐라 해도 모두를 설레게 하는 벚꽃cherry blossom의 계절이다. 4월이 시작될 무렵, 전국 곳곳에서 '이제 봄인가?' 싶을 때 열흘 정도 화사하게 피었다가 가랑비와 아기 숨소리 같은 봄바람에도 꽃비를 흩날리며 지고 만다.

벚꽃이 흩날리는 길을 걸으며 아들에게 묻는다. "사과나무 열매는?" "사과!" "감나무 열매는?" "감!" "뽕나무 열매는?" "뽕!" "그럼 벚나무 열매는?" "벚?" 사과나무나 감나무처럼 나무 이름은 대개 열매와 같지만, 뽕나무 열매는 오디, 매실나무 열매는 매실, 복사나무 열매는 복숭아, 벚나무 열매는 버찌라며 타박했다(나중에 국어사전을 찾아보니 벚이 버찌의 준말로 나오더라!). 버찌는 벚나무의 '벚'과 씨에서 유래했다고 한다. 버찌는 앵두보다 작고 검은데, 영어로는 모두 체리다. 식용 체리는 과일로 육종한 양벚나무 열매다.

벚나무는 재질이 균일하고 무르기가 적당해 글자를 새기는 데 안성맞춤이었다. 팔만대장경 경판에 쓰인 나무도 64퍼센트가 산벚나무이며, 돌배나무(15퍼센트)와 거제수나무(9퍼센트)가 뒤를 잇는다.[7] 벚나무는 활과 화살을 만드는 데 최적이었다. 병자호란(1636~1637년) 당시 볼모로 잡혀간 효종은 북벌을 계획하며 벚나무 심기를 장려했으나, 그 뜻을 이루지 못했다. 벽암 선사가 구례 화엄사에 심었다는 올벚나무가 천연기념물로 지정됐다. 벚나무는 공해에도 강해서 요즘은 가로수로 많이 심는다.

벚꽃의 계절이 돌아오면 벚나무 원산지에 대한 논쟁이 신문의 단골 기사다. DNA 검사 결과, 제주 왕벚나무와 일본 왕벚나무는 별개의 자생종으로 밝혀졌다. 우리나라에 있는 벚나무는 대부분 왕벚나무다. 해마다 군항제를 여는 진해에서도 광복 후 일제의 잔재를 청산한다며 왕벚나무를 베었다가 제주가 원산지라는 주장에 힘입어 다시 심었다.

7 박상진, 《나무에 새겨진 팔만대장경의 비밀》, 김영사, 2007.

겹벚나무

세로티나벚나무

벚꽃은 한자로 앵두와 같은 앵櫻을 쓰는데, 일본어로는 '사쿠라'로 읽는다. 벚꽃과 색깔이 비슷한 말고기를 소고기로 속여 파는 것을 '사쿠라니쿠櫻肉'라 한다. 이 때문에 '배신자' '가짜'를 사쿠라에 비유하기도 한다. 그리고 일본은 공식적인 국화國花가 없으며, 국화菊花가 일본 왕실을 상징하는 꽃이다.

매실나무, 살구나무, 벚나무, 앵두나무, 자두나무, 복사나무, 풀또기, 귀룽나무 등 벚나무속 꽃으로 넘치는 봄은 버스커버스커의 '벚꽃 엔딩'(2012년) 노랫말처럼 벚꽃 길을 둘이 걸어도 좋지만, 홀로 걸어도 설레는 계절이다. 4월의 끝,

능수벚나무

봄비에 사르르 져버린 벚꽃을 아쉬워하며 우면산에 올랐다. 내려오는 길에 단아함보다 화사함이 어울리는 분홍색 겹벚꽃을 만났다. 능수버들처럼 가지를 늘어뜨린 능수벚나무(처진벚나무)도 있다. 부천생태공원에서는 '미국귀룽나무'로 불리는 세로티나벚나무[8]를 만났다. 꽃을 바라보는 마음에는 원산지가 없다. 벚꽃과 함께하는 4월, 봄을 그저 바라본다.

8 세로티나는 '꽃이 늦게 핀다'는 뜻으로, 잎이 먼저 나고 꽃이 핀다.

하늘의 꽃, 복사꽃

복사꽃

복사꽃은 '꽃 중의 꽃'이었다. 조선 시대에는 '꽃구경' 하면 첫째가 복사꽃이요, 그다음이 매화나 살구꽃이었다. 연분홍 복사꽃이 지고 한여름에 탐스럽게 익는 복숭아는 유토피아를 꿈꾸는 인류의 과일이었다. 도연명의 《도화원기》에 나오는 무릉도원, 수천 년 만에 한 번 열린다는 천도복숭아를 훔쳐 먹고 인간세계로 내려와 삼천갑자[9]를 살았다는 동방삭, 안평대군이 꿈에서 본 광경을 안견이 그린 '몽유도원도'(1447년), 복사꽃 흩날리는 뜰에서 유비와 관우, 장비가 함께한 도원결의 등 복숭아에 얽힌 이야기는 차고 넘친다. 사과가 인류의 지성을 일깨운 과일이라면, 복숭아는 인간의 상상력을 자극했다.

복숭아는 껍질에 털이 있고 물렁물렁한 복숭아peach와 겉이 매끈하고 단단한 천도복숭아nectarine가 있다. 우리나라에서 복숭아는 사과, 감귤, 포도 다음으로 많이 생산되는 과일이다. 복숭아 씨앗은 여인의 자궁과 비슷해, 영어권에서 'She is a peach'라 하면 '매력 있는 여성'을 뜻한다. 예전에는 사주팔자에서 얼굴이 홍조를 띠고 복숭아처럼 생기면 도화살이 있다고 해서 남자는 바람기가 많고 여자는 음기가 강해 화를 당할 관상이었지만, 지금은 연예인의 필수 조건이라고 할 정도로 이성적인 매력을 나타내는 말이 됐다.

복사나무가 귀신을 쫓는다고 해서 집안에 심지 않았고, 복숭아는 제사상에도 올리지도 않았다. 중국의 전설에 활쏘기 명수 예라는 사람이 자신의 재주를 믿고 떠들다가 제자가 휘두른 복사나무 몽둥이에 맞아 죽었고, 귀신이 돼서도 복사나무를 싫어한 데서 유래한다. 반면에 복사꽃은 부모님 살아생전에 드리는 꽃이었다. 효성이 지극한 정조는 어머니 혜경궁홍

9 1갑자가 60년으로 삼천갑자는 18만 년이다.

만첩풀또기

씨의 회갑연에서 한지로 만든 복사꽃 3000송이를 올렸다. 복사꽃은 부모의 무병장수를 기원하는 '효도화'였다. 그러나 정조는 49세에 세상을 떠나 82세까지 장수한 어머니에게 불효자가 되고 말았다.

풀또기는 벚꽃과 살구꽃이 한창일 때 홍매화처럼 화려한 분홍색 꽃을 피운다. 홍매화와 풀또기는 꽃 모양이 비슷해서 구별이 어렵다. 홍매화는 한 줄기에서 가지가 갈라지고, 풀또기

만첩홍도

국화도

는 뿌리부터 많은 가지가 갈라진다. 붉은 겹꽃이 피는 만첩풀또기, 만첩홍도(꽃복숭아)에 이르러서는 정신이 혼미해진다. 어쩌랴! 큐피드의 화살보다 치명적인 도화살이 가슴 한복판에 꽂혔으니, 그들에게로 한 걸음씩 다가설 수밖에. 그나마 만첩홍도를 개량한 국화도菊花桃는 꽃이 국화를 닮아서 구별이 쉽다.

라일락과 수수꽃다리

수수꽃다리

창문을 넘나드는 햇살에 싱숭생숭 들뜬 마음은 어느새 밖에 있다. 자리에서 일어나 교정으로 나섰다. 주목, 살구나무, 화살나무, 앵두나무, 명자나무, 금송, 산수유, 목련, 잣나무, 벚나무…. 수수꽃다리는 나무인데 왜 교화校花라 할까?

당연한 사실이지만, 꽃은 풀과 나무에서 핀다. 영어로 풀꽃은 플라워flower, 나무 꽃은 블라섬blossom이다. 그렇다면 교초와 교목이라고 해야 맞지 않을까? 교화라면 수수꽃다리 꽃이라

라일락

불러야 하나? 교화는 직관적인 정의다. 학교를 상징하는 교목은 당연히 나무지만, 교화는 꽃이 돋보이는 풀과 나무 중에서 정한다. 수수꽃다리를 교화라 하면 당연히 수수꽃다리 꽃을 떠올린다.

서울교대 교정에서 가장 돋보이는 꽃은 하늘을 향해 활짝 핀 수수꽃다리다. 우리나라 자생종인 수수꽃다리는 꽃이 수수처럼 핀 데서 유래한 이름이다. 이와 비슷한 라일락은 '푸르스름

미스김라일락

개회나무

하다'는 아랍어에서 유래한 서양수수꽃다리다. 인기가 많은 미스김라일락은 미국의 식물 채집가 엘윈 미더가 도봉산에서 채집한 털개회나무를 개량한 것으로, 당시에 자료 정리를 도운 한국인 타이피스트 미스 김의 성을 붙였다고 한다.

라일락과 수수꽃다리는 비슷하지만, 라일락 잎은 길쭉한 편이고 수수꽃다리 잎은 길이와 폭이 비슷하다. 라일락은 뿌리 근처에 맹아지[10]가 많지만, 수수꽃다리는 나지 않는다. 이는 전문가도 구별하기 어렵다. 여러 번 비교했지만, 도무지 알 수가 없다. 나무 높이는 라일락이 3~7미터, 수수꽃다리가 2~3미터라고 하는데 교정의 수수꽃다리는 4미터가 훌쩍 넘는다.

미스김라일락은 어디서 볼 수 있을까? 아파트 화단의 무릎 높이만 한 나뭇가지에 자그마한 보라색 꽃이 피었다. 아! 어린 라일락이 아니라 등잔 밑에 피어난 미스김라일락이다. 노래와 시가 라일락 일색인 것이 아쉽지만, 라일락이 운율에 맞고 마음에 와닿는 것은 어쩔 수 없다.

여의도한강공원에서 옅은 노란색 꽃을 피운 개회나무도 만났다. 초여름에 꽃이 시든 수수꽃다리인가 했는데, 원래 노란색을 띠는 개회나무다. 수수꽃다리의 사촌인 개회나무는 '개구름나무', 시내와 계곡에서 많이 자란다고 '시계나무'로도 불린다.

10 갑작스러운 환경 변화에 대응하기 위해 그루터기에 생겨난 비정상적인 가지. 도장지는 이웃 나무가 죽거나 스트레스 받을 때 나온다.

나도 샤오미, 조팝나무

조팝나무

흩어지면 떨어질세라 작은 꽃이 다닥다닥 피었다. 조팝나무는 하얀 꽃잎 속 노란 수술이 영락없이 하얀 쌀밥에 좁쌀이 섞인 조밥 같다고 붙은 이름이다. 싸리 가지를 말려서 엮은 싸리울처럼 조팝나무는 탱자나무와 함께 산울타리로 많이 심었다. 아까시나무처럼 중요한 밀원식물이기도 하다.

좁쌀은 밴댕이처럼 '속 좁은 사람'을 빗대는 말로 쓰였다. 성질이 급하고 예민한 밴댕이는 그물에 걸리자마자 제풀에 죽는

꼬리조팝나무

일본조팝나무

데, 내장이 새끼손가락 마디의 절반 크기에 불과해 속이 좁은 사람을 '밴댕이 소갈딱지'라 한다. 마찬가지로 도량이 좁고 옹졸한 사람도 '좁쌀영감'이라 부른다.

그러나 좁쌀이 꼭 좀스럽지는 않다. 중국의 가전 업체 샤오미小米도 '좁쌀'을 뜻한다. 2010년 창업해 세계 가전 시장을 휩쓸며 젊은이들의 롤 모델이 된 레이쥔은 "하루도 헛되이 보낸 날이 없다"고 고백하는 워커홀릭이다. 샤오미는 동업자들과 좁쌀죽을 먹으며 사업을 시작할 때의 초심을 잊지 말자는 의미로 지은 이름이다. 샤오미는 각종 특허 침해와 '애플 짝퉁'이라는 비난을 받지만, 레이쥔은 '고객 감동, 착한 가격'을 경영 모

공조팝나무

장미조팝나무

좁쌀풀

토로 좁쌀을 태산 같은 가전 업체로 키웠다.

조팝나무는 꽃보다 약용식물로 유명하다. 아스피린도 처음에는 버드나무 껍질에서 추출한 살리신을 이용했지만, 실제로는 조팝나무 뿌리에서 추출한 살리실알데히드를 산화시켜 합성한다. 아스피린Aspirin은 그 화학명인 아세틸살리실산의 'A', 조팝나무의 속명 *spiraea*의 'spir', 바이엘 제품에 공통으로 붙인 'in'의 합성어다. 아스피린은 열과 염증으로 생기는 프로스타글란딘 형성을 억제해서 진통 · 해열 작용을 하며, 심장병과 혈전증 등에도 효과가 있다. 아스피린은 세계에서 가장 많이 팔린 해열 진통제로 《기네스북》에 오르기도 했다.

부천자연생태공원에서 조팝나무와 비슷한데 꽃이 공을 반으로 자른 것처럼 수북하게 핀 공조팝나무를 만났다. 지나가던 관람객이 이름을 묻는다. 공처럼 생겨서 공조팝나무라고 하니, 친구들에게 "거 봐, 내가 조팝나무라고 했지?"라며 으쓱한다. 그 옆에는 꽃이 장미를 닮았다는 장미조팝나무(만첩조팝나무)도 있다.

올림픽공원에서 좁쌀풀을 만났다. 이밥(이팝나무), 밥풀떼기(박태기나무), 튀밥(개나리), 수수(개쉬땅나무, 수수꽃다리), 국수나무…. 양식이 귀하던 시절에는 모양만 그럴싸하면 먹거리를 떠올렸을까? 작은 꽃이 다닥다닥 붙은 모양이 좁쌀 같다는 좁쌀풀도 예쁘기만 하다. 나이 들어가며 밴댕이 소갈딱지처럼 속이 좁고 좀스러운 좁쌀영감이 아니라, 바람처럼 구름처럼 물처럼 유연한 사고를 하는 자유인을 꿈꾼다.

신기전과 화살나무

화살나무 꽃

네 잎 클로버처럼 연두색 꽃잎 네 장이 반듯한 나무가 있다. 줄기를 따라 납작하게 발달한 갈색 코르크질 날개가 마치 화살의 깃 같다는 화살나무다. 한자어로는 귀전우鬼箭羽, '귀신이 쏘는 화살의 깃'이라는 뜻이다. 예부터 새순은 홑잎나물, 말린 잎은 귀전우차로 먹었고, 줄기 껍질은 피부병 치료에 썼다. 아파트나 공원 화단에서 흔히 보인다.

조선 시대에는 귀신이 쏘는 화살처럼 가공할 최종 병기가 있었다. 고려 말에 최무선 장군이 발명한 '달리는 불' 주화走火[11]를 개량한 로켓 추진 방식의 화살, 신기전神機箭이다. 이후 문종은 신기전 100발을 연속으로 발사할 수 있는 신기전기를 개발했다. 그 설계도가 《국조오례서례》(1474년) 〈병기도설〉에 수록돼, 신기전기는 세계가 인정하는 복원 가능하며 가장 오래된 다연장 로켓 화기다. 문종은 신기전기 700여 대를 전국에 배치했다.

시간이 흘러 1593년 2월 12일 새벽, 조총으로 무장한 왜군 3만여 명이 조선군이 지키는 산성을 공격했다. 12시간 동안 치열한 전투 끝에 왜군 사상자 1만여 명, 10분의 1에 불과한 병력으로 대승을 거뒀다. 이순신 장군의 한산도대첩(1592년), 김시민 장군의 진주대첩(1592년)과 함께 임진왜란(1592~1598년) 3대 대첩으로 불리는 행주대첩이다. 승리의 주역이 권율 장군과 돌을 나른 부녀자들의 행주치마로 극화됐지만, 그 이면에는 최첨단 화기인 신기전기와 날카로운 쇳조각이 파편처럼 터지는 조선의 비밀 병기 비격진천뢰가 있었다.

조선은 임진왜란이 끝나고도 당파 싸움에 따른 혼돈이 계속됐다. 전란을 수습해 백성의 신임을 얻은 광해군은 아버지 선조의 견제를 받으며 왕위에 올랐지만, 인조반정으로 폐위되고 말았다. 반정의 명분은 선조의 계비 인목대비를 폐하고 이복

11 화살 앞쪽에 있는 종이로 만든 통에 화약을 넣고, 그 추진력으로 날아가는 로켓 무기.

단풍 든 화살나무 잎

동생 영창대군을 죽인 폐모살제廢母殺弟, 전후 궁궐 건설을 비롯해 무리한 토목공사에 따른 민생 피폐, 명나라와 전통적인 사대 정책을 버리고 취한 후금(청)과 실리 외교다. 그러나 국제 정세를 외면하고 친명 배금을 명분으로 왕위에 오른 인조에게 병자호란은 예고된 수순이었다.

임진왜란 당시 도성을 버린 선조가 광해군을 견제했듯, 병자호란의 치욕을 당한 인조에게 소현세자는 정치적 라이벌이다. 청나라 심양에서 선진 문물을 접한 소현세자는 부국강병을 꿈꾸며 9년 만에 귀국했으나, 그를 기다린 것은 인조의 철저한 무시와 박대, 지금도 풀리지 않는 의문의 죽음이다.

화살나무가 빽빽한 화단을 지나 아파트 뒷산에 올랐다. 양

좀작살나무 열매

참빗살나무 꽃

쪽으로 뻗은 잎차례 두 가닥이 작살[12] 모양인 좀작살나무를 만났다. 화살이란 이름도 특이한데 작살이다. 좀작살나무는 강렬한 자주색 열매가 인상적이다.

화살나무와 꽃이 비슷한 참빗살나무도 만났다. 화살나무의 깃이 옛날에 머리를 빗던 참빗과 비슷해서 '참빗나무'로 불린데 견준 이름이다. 화살나무와 참빗살나무는 단풍이 일품이다. 그러나 붉게 물든 단풍과 영롱한 자주색 열매에서 화살과 작살을 떠올린 것은 끊임없는 외침에 맞선 우리의 굴곡진 역사다.

12 작대기 끝에 쇠를 박아 짐승이나 물고기를 찔러 잡는 기구.

'반달'의 계수나무

계수나무

노을공원에서 위로 곧게 뻗은 나무를 만났다. 잎이 동글동글한 계수나무다. "푸른 한울 은하물 하얀 쪽배에 / 계수나무 한-나무 톡기 한 머리…." 나무는 어떻게 생겼는지 몰라도 '반달 할아버지'라 불린 윤극영 선생이 작사 · 작곡한 '반달'(1924년)은 동심에 각인됐다.

일본 유학 중에 간토대지진(1923년)이 발생하면서 유언비어로 말미암은 조선인 대학살을 피해 귀국한 윤극영은 시집간 누이의 사망 소식까지 겹쳐서 우울한 나날을 보냈다. 어느 날 하늘에는 반달이 떠 있었다. 서글픈 감정이 북받치는 순간, 노랫말과 곡조가 떠올랐다. 그 노래가 우리나라 최초의 동요 '반달'이다.

'반달'의 계수나무는 공원에 흔한 계수나무가 아니다. 일제강점기에 도입될 당시 나무에 '계桂'가 적혀 있어 계수나무라 했으나, 중국의 목서를 계수桂樹로 부르는 상황이었다. 그러니 달에서 떡방아를 찧는다는 옥토끼 설화와 동요 '반달'에서 계수나무는 목서다. 하지만 그 나무가 목서인지, 계수나무인지는 중요하지 않다. 우리 마음에는 토끼 한 마리와 각자 상상하는 계수나무가 있기 때문이다. 계수나무는 노란 단풍이 예뻐서 관상수로 인기다. 잎은 달걀이나 하트 모양이다.

2007년에 중국이 달 탐사선을 발사하면서 옥토끼 설화가 세계인의 관심을 끌었다. 탐사선 이름을 중국의 창어번웨嫦娥奔月 신화에서 불사약을 먹고 달아나 달의 여신이 됐다는 창어嫦娥를 본떠 '창어 1호'라 지은 것이다. 2013년에 발사한 창어 3호에는 탐사 로봇 '위투玉兔'가 타고 있었다. 위투는 창어가 승천할 때 품에 안고 갔다는 옥토끼다. 2019년에는 달 뒷면에 착륙한 창어 4호와 지구를 연결하는 통신위성을 칠월칠석에 견우와 직녀가 만난다는 오작교에서 착안해 '췌차오鵲橋'라 했다. 우주개발에 신화를 활용한 스토리텔링이다.

계수나무 꽃

계수나무 열매

스토리텔링 마케팅은 브랜드에 스토리를 입혀 소비자의 마음을 움직이는 감성 마케팅이다. 대표적인 사례가 코카콜라다. 여름철 음료로 인식되던 코카콜라는 빨간 옷을 입은 산타클로스가 선물을 주러 찾아간 집에서 코카콜라를 마신다는 스토리텔링 광고로 대박을 쳤다. 우리나라에서 유독 많이 팔리는 1865와인도 그렇다. 원래는 회사의 설립 연도(1865년)를 기념하는 이름인데, 골퍼에게 꿈의 타수라는 '18홀 65타'의 스토리텔링을 덧입히면서 주문이 폭주했다.

누군가에게 읽히는 글의 핵심은 객관적 사실을 주관적 감성으로 채색한 스토리텔링이다. 중국이 우주개발에 창어번웨 신화의 스토리텔링 마케팅을 활용한 아이디어가 참신하다. 우주를 향한 우리의 도전은 우리별호(1992년), 아리랑호(1999년), 나로호(2013년)에 이어 독자 기술로 개발한 누리호가 2023년에 3차 발사에 성공해 실용위성을 자력으로 발사할 수 있는 일곱 번째 나라가 됐다. 2030년에는 달 탐사선을 발사할 예정이다. 창의적 스토리텔링은 〈오징어 게임〉(2021년) 같은 K-드라마뿐만 아니라 우주개발에도 필요하다.

이듬해 영춘화가 필 무렵, 계수나무에 도톰한 실처럼 보이는 빨간 꽃이 피었다. 짧은 순간에 피고 지는 계수나무 꽃을 만나는 행운을 누리다니! 가을에는 누가 길쭉한 열매를 보고 "무슨 나무예요?"라고 물어 당황했으나, 가까스로 계수나무를 맞혔다. 원숭이도 아닌데 나무에서 떨어질 뻔했다.

함박꽃나무와 함박스테이크

함박꽃나무

작약 꽃이 활짝 피었다. 옆에 있던 박 교수가 함박꽃이란다. 이건 작약이고 함박꽃은 따로 있다고 했는데, 작약 꽃도 함박꽃으로 불리고 있었다. 문자메시지를 보냈다. '작약 꽃도 함박꽃이라고 하네요.'

병아리꽃나무

함박꽃은 작약 꽃처럼 푸짐하고 탐스럽게 핀 큰 꽃을 말한다. '통나무 속을 파서 큰 바가지같이 만든 그릇'을 함박(함지박)이라고 하지만, 함박은 함박눈이나 함박웃음처럼 굵고 탐스럽거나 크고 환하다는 뜻이다. 꽃잎이 큰 병아리꽃나무는 '개함박꽃나무'로도 부른다.

목련속에서 가장 아름답다는 함박꽃나무를 상암동 매봉산에서 만났다. 비탈진 곳에 있어 사진 찍기 좋은 각도를 잡으려다 엉덩방아를 찧었다. 그 정도는 함박꽃나무를 만난 기쁨에 비하면 애교다. 함박꽃나무는 다른 목련과 달리 잎이 나온

함박이

다음에 핀 하얀 꽃 속 붉은 자줏빛 꽃밥과 노란 수술대로 곤충뿐만 아니라 우리의 눈길을 사로잡는다. 산에서 많이 볼 수 있어 '산목련'이나 '개목련'이라고도 하지만, 개양귀비가 양귀비보다 예쁜 것처럼 수줍은 듯 아래쪽을 향해 핀 꽃이 목련보다 예뻐 보인다.

함박꽃나무 꽃은 북한의 국화다. 김일성 주석이 "꽃 중의 꽃은 난 꽃인데, 함박꽃나무 꽃은 나무에서 피는 꽃 중의 꽃인

목란木蘭이다"라고 말한 뒤 국화로 지정했다(1991년). 북한의 100원 지폐에도 함박꽃나무가 있다.

함박 하면 꽃보다 스테이크가 먼저 떠오른다. 원래 스테이크는 쇠고기 등심이나 안심을 두껍게 썰어서 불에 굽는 요리다. 그런데 독일 함부르크Hamburg 지방에서 질긴 쇠고기를 다져 스테이크처럼 모양을 만든 함부르크스테이크가 유행했다. 이 음식이 19세기 미국의 독일 이민자를 통해 퍼지면서 햄버그스테이크가 됐으며, 일본에서는 함박스테이크라 발음했다. 햄버그스테이크를 패티로 빵에 끼운 음식이 햄버거다.

지금은 분식점의 주요 메뉴지만, 1970~1980년대 학생들에게 함박스테이크와 돈가스는 미팅이나 데이트가 있는 날에 먹은 고급 음식이었다. 레스토랑에서 함박스테이크를 두고 남녀가 마주 앉은 테이블에는 촛불이 흔들리고 있었다. 칼질하러 간다며 친구들에게 어깨를 으쓱하던 시절, 함박스테이크 한 조각에 수프를 국물처럼 떠먹었다.

추억에 젖어 북악스카이웨이 팔각정에서 돈가스를 주문했다. 밖에는 활짝 핀 함박꽃나무 꽃잎에 파묻힌 벌들이 정신없이 꿀을 따고 있다. 제주에서는 덩굴나무 함박이도 만났다. 여름에 녹색 꽃이 피고 가을이면 빨간 열매가 포도처럼 예쁘게 익어간다.

때죽나무와 쪽동백나무

때죽나무 꽃

때죽나무는 '반질반질한 열매가 마치 중(스님)이 떼 지어 모인 것 같다'고 떼중나무, 검은 껍질 때문에 '껍질에 때가 많은 나무'에서 유래한 이름이다. 때죽나무 열매나 잎에는 마취 성분인 에고사포닌이 있어, 빻아서 물에 풀면 물고기가 순간적으로 기절한다. 이처럼 물고기를 떼로 죽여서 때죽나무라고도 한다. 에고사포닌은 기름때를 제거하는 데 쓰였다. 이것으로 빨래하면 때가 쭉쭉 빠져서 때죽나무라고도 한다. '떼'와 '때'라

때죽나무 열매

는 단어에서 추론한 이름일 것이다. 영어로는 '흰 꽃이 종처럼 피었다'고 스노벨snowbell이다. 꽃은 향기가 진해서 향수의 원료로 쓰인다. 제주에서는 띠로 엮은 때죽나무 가지를 타고 내리는 빗물을 식수로 사용했다.

어린 시절, 아버지를 따라 바닷가에 갔다. 아파트 넓이쯤 되는 오목한 물에 뭔가 풀었다. 때죽나무 열매 가루였을까? 잠시 후, 배를 뒤집고 떠오른 물고기를 손으로 잡았다. 물고기

쪽동백나무 꽃

쪽동백나무 열매

를 잡는 원담(갯담)도 있다. 원담은 오목한 해안 양 끝을 돌담으로 쌓아서 막은 오래된 어로 방법이다. 썰물이 지면 우럭, 따치, 벤자리, 멜[13] 등이 얕은 바닷물에 갇힌다. 그러면 돌 틈에 있는 고기를 맨손으로 잡아채고, 멸치 떼는 뜰채로 건졌다. 용천수[14]가 섞이면서 떼로 죽은 멸치를 손으로 건지기도 했다. 서해안처럼 갯벌이 없는 제주에서는 멸치로 담근 멜젓이 자리젓과 함께 대표적인 젓갈이다. 갓 잡은 멸치를 배추와 함께 끓

13 조금 큰 멸치를 이르는 제주 사투리.

14 대수층을 따라 흐르다가 암석이나 지층의 틈을 통해 지표면으로 솟아나는 지하수.

때죽납작진딧물 벌레혹

인 멜국도 잊을 수 없는 맛이다.

쪽동백나무는 때죽나무를 빼닮았다. 때죽나무는 꽃이 가지 사이사이에 하나씩 빼곡하게, 쪽동백나무는 아까시나무처럼 가지 끝에 무리 지어 핀다. 쪽동백나무 잎은 목련처럼 크고 넓적하다.

왜 쪽동백나무일까? 쪽은 쪽문, 쪽방처럼 물건의 일부인 '쪼가리'나 '조각'을 뜻한다. 옛 여인들은 머리에 동백기름을 바르고, 참빗으로 쪽을 쪄서 단장했다. 그러나 동백기름은 귀했다. 쪽동백나무는 동백나무보다 열매가 작으면서도 기름을 짤 수 있어 붙은 이름이다.

때죽나무에 꽃도 열매도 아닌 것이 보인다. 때죽납작진딧물 벌레혹이다. 때죽나무는 진딧물이 나타나면 혹을 만들어 제공한다. 진딧물이 더 번지지 않도록 취하는 방어 조치다.

오해는 싫어요, 아까시나무

아까시나무 꽃

시나브로 꽃이 져버린 벚나무, 목련, 개나리, 살구나무, 수수꽃다리, 박태기나무, 철쭉이 아쉬울 즈음 온 산을 흰색으로 덮은 아까시나무 꽃이 향긋하다. 그런데 '과수원 길'(1972년)에는 과연 아카시아 꽃이 활짝 피었을까?

열대지방에 있는 아카시아는 우리나라에서 자생할 수 없다. 동구 밖 과수원 길에 핀 것은 아카시아와 비슷해서 '유사아카시아pseudoacacia'라고 하는 아까시나무 꽃이다. 수도pseudo는 '가

아카시아

짜'를 뜻하는 말이다. 지금은 '가시가 많다'는 뜻으로 아까시나무라 부르지만, 꿀과 향에는 여전히 아카시아가 통용된다.

아까시나무는 한때 천덕꾸러기 신세였다. 시작은 일제강점기 데라우치 마사타케 총독이다. 일제가 우리 산을 수탈하느라 소나무를 마구 베는 바람에 산사태가 우려되자, 그는 아까시나무 심기를 장려했다. 일제가 우리 산하를 황폐화하려고 아까시나무를 심었다는 오해가 여기서 비롯했다. 그러나 지금

아까시나무 열매

꽃아까시나무

우리가 보는 아까시나무는 대부분 한국전쟁(1950~1953년) 이후에 심은 것이다.

콩과 식물인 아까시나무는 숲이 우거진 곳에서 자랄 수 없고, 뿌리가 옆으로 뻗어 지반을 단단하게 잡아주며, 토양을 비옥하게 하고, 우리나라에서 생산하는 꿀의 70퍼센트 이상을 차지하는 밀원식물이다. 장작은 땔감으로, 잎은 사료로, 목재는 토목공사에 쓰인다. 이처럼 벌목 1순위로 꼽히던 아까시나무는 오해가 풀리면서 가치가 재조명되고 있다.

국립수목원 열대식물전시원에서 아카시아를 만났다. 해설사 뒤로 대바늘처럼 길고 뾰족한 아카시아 가시가 자신이 진짜임을 과시한다. “아카시아의 진짜 이름이 무엇인지 아시나요? 아까시나무요. 네, 맞아요. 우리나라에 자생하는 것은 아까시나무고, 진짜 아카시아는 여기 있어요.”

열 살 무렵, 동구 밖 감귤 과수원에는 홀로된 할아버지가 외로이 살고 계셨다. 하루는 집에 오셨다가 동생과 나를 데리고 과수원으로 향했다. 깊어가는 밤, 창문을 두드리는 바람 소리…. 결국 무섭다고 칭얼거리는 동생을 달래며 집으로 돌아왔다. 내게 동구 밖 과수원 길은 할아버지를 과수원에 홀로 두고 집으로 향한 그 밤길이다.

동네 야산에 올랐다. 지나가던 아주머니가 아까시나무 꼬투리를 요리조리 살피는 내게 묻는다. “무슨 나무예요?” “아까시나무요.” 꽃은 알아도 꼬투리는 모른다. 여주에서 아까시나무 같은데 분홍색 꽃이 핀 나무를 만났다. 무슨 나무일까? 북아메리카 원산인 꽃아까시나무다. 아까시나무는 알아도 꽃아까시나무는 모른다. 아직 갈 길이 멀다.

변심의 켐플라워, 수국

불두화

내곡동 헌인릉에서 희고 배구공처럼 수북하게 핀 꽃을 만났다. 많은 사람이 수국으로 착각하는 불두화佛頭花다. 꽃이 부처님 머리처럼 곱슬곱슬해 보여서 붙은 이름이다. 연녹색으로 핀 꽃은 차츰 하얗게 변한다.

수국

산수국

수국水菊은 '물을 좋아하는 국화'라는 뜻이다. 불두화와 달리 안토시아닌[15]이 있어 환경에 따라 꽃 색깔이 화려하게 변하는 가장 화학적인 꽃(chem-flower)이다. 꽃말도 화학의 핵심 키워드 '변화'에 어울리는 '변심'이다. 수국은 산성토양에서 녹아난 알루미늄을 흡수하면 안토시아닌이 파란색을, 염기성 토양에서는 분홍색을 띤다. 같은 수국인데 왜 색깔이 다를까? 안토시아닌이 많은 자주색 양배추는 왜 토양에 따라 색깔이 변하지 않을까? 꼬리에 꼬리를 무는 의문이다.

15 세포의 산화를 막는 물질. 안토시아닌 자체는 산성에서 붉은색, 염기성에서 푸른색을 띤다.

백당나무

나무수국

수국은 산수국의 헛꽃만 풍성하게 개량한 무성화[16]다. 산수국은 바깥쪽의 크고 화려한 헛꽃으로 곤충을 유인해서 안쪽에 있는 참꽃의 꽃가루받이를 돕는다. 참꽃이 수정되면 곤충이 헛수고하지 않도록 헛꽃을 늘어뜨린다고 하지만, 꽃은 대개 일주일이면 진다. 불두화도 백당나무의 헛꽃을 개량한 것이다. 산수국과 백당나무는 꽃과 열매가 거의 비슷해서 잎 모양으로 구별한다. 수국과 산수국은 깻잎 같지만, 불두화와 백당나무는 삼지창처럼 잎이 세 갈래다.

불두화가 활짝 핀 헌인릉. 헌릉은 조선왕조 500년의 기틀을 다진 태종과 원경왕후 민씨의 능을 나란히 배치한 쌍릉이며, 인릉은 순조와 순원왕후 김씨를 같이 모신 합장릉이다.

16 암술과 수술이 퇴화해 열매를 맺지 못하는 꽃.

고려 말, 신흥 무인 가문의 야심가 이방원과 신진 사대부의 딸 여흥 민씨의 결혼은 정략적이었다. 그러나 조선 건국 후 처가의 도움으로 두 차례 왕자의난(1398년, 1400년) 끝에 왕위에 오른 태종은 수국처럼 변했다. 그는 왕권 강화를 위해 양갓집 규수, 기생, 과부까지 후궁으로 들이며 외척 세력을 견제하기 시작했다. 게다가 왕위를 양녕대군에게 물려준다는 '선위 파동'을 빌미로 처남들을 제거했다. 이때부터 외가에서 자라 외삼촌들을 의지하던 양녕대군의 엽기적인 행각이 드러났다. 결국 양녕대군은 폐위되고 충녕대군이 왕위에 올랐다.

원경왕후는 화병으로 시름시름 앓다가 세상을 떠났다. 효심이 깊은 세종은 태종과 원경왕후의 화해를 바랐을까? 태종이 승하하자 원경왕후 능 옆에 쌍릉을 조성했다. 태종에게는 인릉처럼 합장릉이 아닌 게 천만다행이었을 것이다.

보라매공원에서 하얀 나무수국을 보고 불두화를 떠올린다. 불두화와 비슷한 나무수국은 잎이 달걀모양이다. 태종은 왕권 강화를 빌미로 조강지처인 원경왕후를 철저히 외면했다. 게다가 조선 건국 세력의 주청을 받아들여 불교를 대대적으로 탄압하는 숭유 억불 정책[17]을 폈다. 태종의 헌릉에는 불두화보다 꽃말이 변심인 수국이 더 어울리는 꽃이 아닐까?

17 고려 말 문무 귀족 세력과 결탁해 기득권을 장악한 불교는 조선왕조를 위협할 수 있다는 불안감에서 숭유 억불 정책이 비롯됐으며, 전국에 242개 사찰을 제외한 나머지는 모두 폐지했다.

찬란한 슬픔의 봄, 모란

모란

봄이 지나간다. 매실나무, 살구나무, 자두나무, 앵두나무, 귀룽나무, 복사나무…. 벚나무속 사촌들과 박태기나무, 때죽나무를 향해 쉴 새 없이 셔터를 누르는 즐거움도 꽃과 함께 떨어졌다. 김영랑 시인은 그 아쉬움을 "모란이 뚝뚝 떨어져버린 날 / 나는 비로소 봄을 여읜 설움에 잠길 테요"라고 표현했다.

모란은 작약과에 드는 떨기나무다. 신라 진평왕 때 중국에서 들어온 모단은 활음조 현상으로 모란이라 읽는다. 모단은 굵은 뿌리에서 돋아나는 새싹이 '수컷의 형상과 같다'는 모牡와 '꽃 색깔이 붉다'는 단丹의 합성어다. 《삼국사기》(1145년)에는 우리나라 최초 여왕인 선덕여왕이 공주 시절에 모란에 얽힌 일화가 수록됐고, 《삼국유사》(1281년)에는 여왕 시절의 일화로 나온다.

> 당 태종이 붉은색과 자주색, 흰색으로 그린 모란과 씨앗 석 되를 보냈다. 여왕이 꽃 그림을 보고 말하기를 "이 꽃은 틀림없이 향기가 없을 것이오"라고 했다. 뜰에 심게 했다가 피고 지기를 기다렸더니 과연 그 말과 같았다.

이 일화는 역사적 사실일까? 국토문화재연구원에 따르면, 모란은 당나라에서 750년경부터 재배했다. 당 태종 시대에는 모란이 없었기에 꽃이 향기가 없고 나비가 날아들지 않으며 열매를 맺지 못한 것은 자식을 낳지 못한 선덕여왕에 대한 은유로 추론했다. 즉 세 가지 색 모란은 세 남자를 뜻하고, 향기가 없다는 것은 자식을 낳지 못했다는 은유라는 해석이다.

《화랑세기》[18]에는 삼서지제三婿之制에 관해 다음과 같은 이야기가 나온다.

> 공주가 즉위하자 공(용춘)을 지아비로 삼았지만, 공은 자식이 없다는 이유로 스스로 물러나고자 했다. 이에 뭇 신하가 삼서 제도를 의논하여 흠반공과 을제공으로 하여금 왕을 보좌토록 했다. (…) 선덕은 이에 정사를 을제에게 맡기고 공에게 물러나 살도록 했다. 공은 천명공주를 처로, 태종(김춘추)을 아들로 삼았다.

이처럼 삼서지제는 여왕이 아들을 낳기 위해 본남편 외에 두 남편을 두는 제도인데, 이것이 모란 설화로 변했다는 것이다. 그런데도 아들을 낳지 못하자 동생 진덕여왕을 마지막으로 진골인 김춘추가 왕위에 오르니 그가 태종무열왕이다.

모란 향은 어떨까? 다가가 맡아보면 향기가 제법 진하다. 18세기 후반에 식물을 1~9품으로 분류한 원예 전문서《화암수록》에 따르면 운치가 뛰어난 1품에는 송松, 죽竹, 매梅, 연蓮, 국菊이 있다. 모란은 작약, 철쭉 등과 함께 부귀를 상징하는 2품으로, 신부의 혼례복에 수놓은 꽃이다. 따라서 병풍에 수놓은 화사한 꽃은 묻지도 따지지도 말고 모란이다.

18 신라의 대학자 김대문이 화랑도의 우두머리인 풍월주의 역사를 기록한 책.

모란은 설총이 꽃을 의인화해 지은 단편 〈화왕계花王戒〉에서 왕으로 등장한다. 여러 겹으로 층층이 쌓여 풍성한 꽃은 왕이라 부르기에 부족함이 없다.

화왕, 모란이 지는 봄이다. 얼마나 서운했으면 한 해가 다 간 것이라 말할까? 시인의 마음으로 나도 기다린다. 봄을 여읜 '설움'을 넘어, 한겨울의 '설雪'을 뚫고 다시 새싹이 '움'틀 찬란한 슬픔의 봄을….

화학자 홍 교수의
식물 탐구 생활

여름

불안돈목의 오동나무

오동나무

고속도로 주변 야산에 보라색 꽃이 보인다. 멀어서 구별하기 어렵지만 꽃대가 올라가면 오동나무, 처지면 대개 등나무다. 뭐 눈에는 뭐만 보인다고 그 후로 우리 주변에 오동나무가 이렇게 많았나 싶을 정도로 곳곳에서 '짠!' 하고 나타난다.

오동나무 꽃

꽃개오동 꽃

'뭐 눈에는 뭐만 보인다'는 고사성어 불안돈목佛眼豚目에는 태조 이성계와 무학대사의 일화가 전한다. 한양으로 천도하고 시국이 안정돼가던 어느 날, 태조는 왕사[1]인 무학대사에게 농담을 던졌다. "대사는 돼지를 닮았소." 이에 무학대사는 "왕께서

1 태조 왕건이 백성을 정신적으로 이끌 수 있는 고승을 왕의 스승으로 책봉해 정치 이념을 구현하고자 도입했다. 무학대사를 끝으로 폐지됐다.

는 부처님을 닮았습니다"라고 말한다. 재미없다는 태조의 말에 무학대사가 "부처의 눈에는 모든 것이 부처요, 돼지의 눈에는 돼지만 보입니다"라고 답했다. 태조가 말했다. "내가 졌소."

오동나무는 한 해에 2미터나 자라는 속성수다. 처음부터 단단한 줄기로 자라는 나무와 달리, 오동나무는 해바라기처럼 줄기가 푸르고 거대한 잡초처럼 자란다. 게다가 어린나무의 잎은 양버즘나무도 저리 가라 할 정도로 크다. 옛날에는 아들이 태어나면 선산에 소나무를, 딸이 태어나면 밭에 오동나무를 심었다.

오동나무에는 통꽃 안쪽에 자주색 점선 무늬가 있는 참오동나무와 무늬가 없는 오동나무, 열매가 콩깍지처럼 늘어진 개오동, 나무줄기가 푸른색을 띠는 벽오동이 있다.

오동나무 하면 가수 최헌이 부른 '오동잎'(1975년)이 떠오른다. 젓가락 장단에 어울리는 '오동동타령'(1955년)에서 오동추야梧桐秋夜도 '오동 잎 떨구며 깊어가는 가을밤'이다. 가을이면 대다수 나무가 잎을 떨군다. 그런데 왜 하필 오동 잎 떨어지는 가을밤일까? 잎이 커서 수분이 빨리 증발하는 오동나무는 다른 나무가 울긋불긋한 단풍으로 마지막을 불태우는 가을에 서둘러 잎을 떨군다. 오동 잎이 떨어지는 소리는 가을을 알리는 소리다.

동백꽃 군락으로 유명한 여수 오동도에 갔을 때다. 오동도라는 이름은 예전에 이 섬에 오동나무가 많았고, 섬이 오동나무 잎처럼 생긴 데서 유래했다. 오동나무가 사라진 것은 고려말에 신돈이 모두 베었기 때문이라는 전설이 있다.

벽오동

공민왕의 총애를 받은 신돈은 전국의 풍수를 살피다가 오동도에 들어선다. 그때 오동나무 숲에서 한 줄기 빛이 홀연히 빠져나가는 광경을 목격했다. 신돈은 공민왕에게 전라도의 '전'은 사람 인人에 임금 왕王인데 오동도에 봉황이 드나드는 것은 전라도에서 왕이 나올 징조니, 한자를 들 입入의 전全으로 바꾸고 봉황이 좋아하는 오동나무 열매가 나지 않도록 오동나무를 없애야 한다고 주청했다. 그럼에도 고려는 전주全州 이씨에 의해 멸망하고 말았다.

실제로 봉황이 깃든다는 오동나무는 줄기가 푸른 벽오동이다. 벽오동은 분류학상 오동나무와 다르지만, 둘 다 잎이 크고 빨리 자라서 구분하지 않고 '오동' 혹은 '동'이라 불렀다. 돛단

개오동 꽃과 열매

벽오동 열매

배처럼 생긴 열매는 다섯 조각으로 나뉘며, 가장자리에 콩 같은 씨앗이 달린다. 볶으면 고소한 씨앗은 카페인이 있어 커피 대용으로, 짜낸 기름은 식용유로 썼다.

무엇보다 딸의 혼숫감을 위해 심은 오동나무와 달리 벽오동은 기린, 거북, 용과 함께 태평성대에만 나타난다는 봉황을 기다리는 나무다. 《장자》[2] 〈추수〉 편에 따르면 봉황은 '오동이 아니면 앉지 않고, 대나무 열매가 아니면 먹지 않고, 예천[3]이 아니면 마시지 않는다'는 상서로운 새다.

2 장자가 쓴 '내편', 그의 제자와 같은 계열 사상가들이 쓴 '외편' '잡편'을 합해 33편이 현존한다.

3 태평성대에만 단물이 솟는다는 샘.

부드럽고 습기와 불에 잘 견디며 나뭇결이 고운 오동은 가볍고 울림이 좋다. 조선 4대 문장가 상촌 신흠은 수필집 《야언野言》에서 "천 년을 늙어도 제 곡조를 간직한다"는 한시를 남겼다. 이 한시는 백범 김구 선생이 서거하기 넉 달 전에 휘호[4]로 남기면서 널리 알려졌다.

동천년노항장곡桐千年老恒藏曲

오동은 천 년을 늙어도 항상 가락을 지니고

매일생한불매향梅一生寒不賣香

매화는 한평생 추워도 향기를 팔지 않는다

월도천휴여본질月到千虧餘本質

달은 천 번을 이지러져도 그대로 남아 있고

유경백별우신지柳經百別又新枝

버드나무는 백 번을 꺾여도 새 가지가 돋아난다

음미할수록 느낌이 있는 한시다. 며칠간 시도 때도 없이 곳곳에서 보인 오동나무 덕분에 태조의 불안돈목과 신돈의 오동나무가 만났다. 어린 시절 친구들과 초등학교 교정에서 돌을 던져 열매를 따 먹은 나무가 바로 벽오동이다.

4 붓을 휘둘러 글씨를 쓰거나 그림을 그리는 것.

방귀 뽕, 뽕나무

뽕나무와 오디

인문관 옆 텃밭 바닥에 상추, 고추, 호박 사이로 검붉은 열매가 어지러이 떨어졌다. 입안을 금방 검붉게 물들이는 오디다. 뽕나무는 오디를 먹으면 소화가 잘되고 방귀가 뽕뽕 나와서 붙은 이름이다. 열매 오디는 오돌토돌해 '오들개'라고도 부르는데, 물러서 잘 터지고 보관이 어렵기 때문에 주로 가공용으로 쓴다.

'세상이 몰라보게 달라졌다'는 상전벽해桑田碧海처럼 뽕나무는 어디서든 쑥쑥 자란다. '버섯의 황제' 상황버섯은 뽕나무 상桑에 누를 황黃을 써, '뽕나무 줄기에서 자생하는 황색 버섯'이라는 뜻이다. 번데기는 동충하초冬蟲夏草[5]에 쓰며, 한약재 겨우살이도 뽕나무에서 자란 것을 최상급으로 친다.

누에의 먹이가 되는 뽕잎은 양잠[6]의 시작이다. 조선 시대에는 왕비가 내외 명부[7]를 거느리고 풍잠을 기원하는 제사와, 뽕잎을 따고 누에를 치는 친잠례를 행하면서 본을 보일 정도로 양잠을 적극 권장했다. 각 도에 누에치기를 위한 잠실까지 설치했다.

임도 보고 뽕도 따는 뽕밭은 조선 시대에 물레방앗간과 쌍벽을 이루는 로맨스 장소였다. 넓은 뽕잎은 타인의 시선을 피할 수 있는 은밀한 공간을 제공했다. 셰익스피어가 쓴 《로미오와 줄리엣》(1597년)의 모티프가 된 바빌로니아 피라모스와 티스베 설화의 배경도 뽕밭이다. 사실주의 작가 나도향[8]의 원작 소설을 바탕으로 제작한 〈뽕〉(1986년)은 1980년대 에로티시즘 영화의 정수다.

일제 치하에 노름꾼 삼보를 남편으로 둔 여인, 안협집. 삼보는 몇 달에 한 번씩 들러 옷을 갈아입고 돈을 받아 떠난다.

5 겨울에는 죽은 곤충을 숙주로 여름에 자실체가 성장해서 불로장생의 약초가 된다는 버섯.

6 누에를 길러 고치를 생산하는 일.

7 조선 시대에 왕의 후궁을 비롯해 궁에서 품계를 받은 여인을 일컫는 내명부와 남편의 벼슬 품계에 따라 봉작을 받은 부인을 일컫는 외명부를 통칭하는 말.

8 다른 대표작으로 단편 〈벙어리 삼룡이〉(1925년)와 〈물레방아〉(1925년) 등이 있다.

꾸지뽕나무와 열매

차츰 그녀는 동네 남자들에게 몸을 허락한 대가로 쌀이나 금품을 얻어 생활한다. 그럼에도 뒷집 머슴 삼돌이에게는 쌀쌀맞다. 삼보가 돌아오자 삼돌이는 고자질한다. 삼보는 아내를 실컷 두들겨 패지만, 다음 날 두 사람은 아무 일 없었다는 듯 지내고 삼보는 다시 먼 길을 떠난다. 삼보는 노름꾼을 가장한 독립투사로, 떠나는 그를 바라보는 안협집은 눈물을 흘린다.

사향광장에는 잎이 엿장수 가위처럼 여러 갈래인 가새뽕나무도 자란다. 부산 동백섬에서 산뽕나무도 만났다. 뽕잎이 부족하면 대신 사용해서 '굳이 따지자면 뽕나무'라는 꾸지뽕나무도 있다. 굵고 억센 가시가 위협적이지만, 호두알만 한 붉은 열매는 기어이 따 먹었다. 검붉은 오디와 빨간 앵두를 몇 사람에게 건넸다. 어디서 났느냐고 묻는다. 오디는 인문관 구석에 있지만, 앵두는 사방이 탁 트인 사향광장에도 있다. 관심의 차이다.

《책은 도끼다》(2011년)를 쓴 박웅현 작가는 말한다. "결국 창의성과 아이디어의 바탕이 되는 것은 '일상'입니다. (…) 나한테 모든 것들이 말을 걸고 있어요. 하지만 대부분 들을 마음이 없죠. 그런데 들을 마음이 생겼다면, 그 사람은 창의적인 사람입니다."

가는 곳마다 풀과 나무가 재잘재잘 소곤소곤 쉴 새 없이 이야기보따리를 풀어놓는다. 그 속삭임은 안테나를 꼿꼿하게 세워야 전파를 수신할 수 있는 산간벽지의 라디오처럼, 온몸에 흩어진 감각의 촉수를 한곳에 모아야 들을 수 있는 낯설면서도 설레는 언어다.

무용지용의 가죽나무

가죽나무

노자의 사상을 계승 발전시킨 장자는 만물은 하나이며 만물의 끊임없는 변화가 도道라는 만물 일원론을 주장했다. 어느 날, 그의 사상을 못마땅하게 여긴 선비가 시비를 걸었다. 《장자》 〈인간세〉에 나오는 무용지용無用之用의 일화다.

"선생님의 말씀은 크고 높지만, 현실적으로 저 앞에 있는 나무처럼 쓸모가 없어 보입니다. 저 나무는 크지만 구부러지고 울퉁불퉁해서 목수들이 거들떠보지 않습니다." "그렇기에 자라서 큰 나무가 되지 않았나?" "그래도 쓸모가 없는 건 마찬가지입니다." "왜 쓸모가 없나? 무더운 여름날 그늘을 드리우고, 비바람과 눈보라가 치면 막아주고, 보잘것없지만 산을 푸르게 하니 고맙지 아니한가?"

세상에는 크고 반듯한 나무가 쓸모 있어 일찍 잘리기도 하고, 무용지물無用之物의 나무가 산을 지키며 크게 자라기도 한다. 쓸모없음이 쓸모가 되는 무용지용이다. 가죽나무는 이처럼 구부러지고 울퉁불퉁해서 목수에게 버림받았다. 여름에 꽃이 피고, 프로펠러처럼 생긴 열매는 종자가 가운데 하나다.

중국 원산인 가죽나무는 수명이 짧고 양지바른 곳에서 잘 자라, 숲보다 마을이나 길가에 흔하다. 하지만 독성이 있고 잎끝에 있는 사마귀 같은 선점에서 냄새가 나, 예부터 '쓸모없는 존재'에 빗댔다.

참죽나무는 멀구슬나무과로 잎 모양 외에는 소태나무과에 드는 가죽나무와 다르다. 원래는 잎이 대나무와 비슷해서 '죽나무'로 불렸으나, '가짜 죽나무'라는 가죽나무와 구별하기 위

가죽나무 잎의 선점

해 참죽나무라 했다. 참죽나무는 꽃대가 아래로, 가죽나무는 위로 향하고 열매 모양도 다르다. 참죽나무는 '목재 품질이 좋아서 최고급 목재인 마호가니에 버금간다'고 차이니스마호가니Chinese mahogany라 불린다.

무용지용과 무용지물은 어떤 의미일까? 음식점을 하는 아버지 친구분이 어느 날, 성적 때문에 형을 야단치는 내 어머니에게 말씀하셨다. "너무 혼내지 맙서. 나중에 더 효도할 거우다." 선견지명이었을까? 집안의 대소사는 형이 도맡아 처리한다. 부지불식간에 무용지물의 아우가 됐다. 그러나 무용지물

참죽나무 꽃

이란 없다. 하로동선夏爐冬扇은 '아무런 쓸모없는 말이나 재주, 사물'을 뜻하지만, 여름의 화로는 젖은 옷을 말리고 겨울의 부채도 꺼져가는 불씨를 살릴 수 있다.

뙤약볕이 내리쬐는 보라매공원에서 가죽나무를 만났다. 장자의 가죽나무와 달리 곧게 자랐다. 장자는 비바람이 몰아치는 곳에 살았을까? 느티나무와 모양이 같은 팽나무도 제주에서는 바람 따라 굽어 풍향목으로 자란다. 무용지용의 교훈은 '너는 너대로 나는 나대로'인 가죽나무의 자존감이다.

'섬마을 선생님'의 꽃, 해당화

해당화

송도 해안 카페테라스. 바닷바람을 맞으며 수평선과 맞닿은 갯벌을 바라본다. 조개를 캐는 걸까? 갯벌에 쪼그려 앉은 사람들이 회갈색 도화지에 콕 찍은 점 같다. 돌담에 해당화 붉은 꽃이 피었고, 홍자색 열매가 무르익는다. 장미과임을 증명하듯 줄기는 잔가시로 빈틈이 없다.

해당화에는 갯마을 사람들의 애환이 담겨 있다. 그 이미지는 가수 이미자의 대표곡 '섬마을 선생님'(1967년)과 순정을 바친 섬 색시의 안타까운 사연이다.

해당화는 양귀비의 꽃이기도 하다. 당나라 현종이 어느 날 양귀비를 찾았다. 그녀는 전날 술을 마셔 피곤했지만, 옥처럼 하얀 얼굴은 오히려 홍조를 띤 듯 불그스레하게 물들었다. 현종은 숨이 넘어갈 듯했다. 양귀비를 지그시 바라보던 현종이 "너는 아직 술에 취해 있느냐?"라고 묻자, 양귀비가 도도하게 말했다. "해당화는 아직 잠이 깨지 않았사옵니다."

잎과 열매, 향기가 해당화와 비슷한 찔레꽃도 여름이면 곳곳을 하얗게 물들인다. 그래서일까? 가수 백난아가 부른 '찔레꽃'(1942년)에서 붉게 피는 찔레꽃은 해당화라는 주장도 있다. 찔레꽃은 '찌르는 가시(찔레)가 달린 꽃'을 총칭한다는 주장이다. 산과 들에 자생하는 찔레꽃은 영어로 '들장미(wild rose)'다. 그렇지만 들장미와 들국화는 없다. 들에서 피고 지는 장미와 국화를 두루 일컬을 뿐이다.

백난아의 고향은 제주도 서쪽의 명월리다. 한동안 가곡 '가고파'(1933년)에 나오는 "내 고향 남쪽 바다"를 당연히 제주의

찔레꽃

푸른 바다로 생각했으나, 마산 앞바다였다. 내 고향 남쪽 바다는 에메랄드빛 바다 너머로 비양도가 손에 닿을 듯 보이는 "찔레꽃 붉게 피는" 명월리 옆 마을 협재리다.

붉게 피는 찔레꽃은 해당화였을까? 어느 여름날, 꽃봉오리가 붉은 찔레꽃을 만났다. 사과나무 꽃도 처음에 붉게 피어 흰색으로 변한다. 백난아가 부른 '찔레꽃' 역시 붉게 피는 찔레꽃이 아니었을까? 그 무엇이든 해당화와 찔레꽃은 고향에 대한 그리움을 나타냈다.

'고향의 봄'을 쓴 아동문학가 이원수의 동시 '찔레꽃'(1930년)을 개사한 '찔레꽃'(1972년)의 가슴 아린 사연도 잊을 수 없다. 찔레꽃은 모내기가 한창인 보릿고개에 피어난다. 일 나간 엄마를 그리며 따 먹은 것은 찔레꽃이 피어나는 어린순이다. 먹을 것이 많지 않던 시절에 달짝지근한 찔레 순으로 허기를 채웠고, 꽃은 그 위에 피어난 슬픔이다. 오죽했으면 모내기 철이자 찔레꽃이 한창일 때 '찔레꽃 가뭄'이 든다 했을까?

헤겔의 변증법, 칡과 등나무

칡 꽃

태종 이방원은 태조 이성계의 다섯째 아들로, 조선 건국에 혁혁한 공을 세웠다. 그는 포은 정몽주를 회유하는 데 실패하자, 선죽교에서 제거했다. 이때 두 사람이 주고받은 시조가 '하여가何如歌'와 '단심가丹心歌'다.

등나무 꽃

이런들 어떠하리 저런들 어떠하리
만수산 드렁 칡이 얽혀진들 어떠하리
우리도 이같이 얽혀 백년까지 누리리라

이방원의 '하여가'에서 드렁은 '두렁'의 평안도 사투리로, '논밭 가장자리에 작게 쌓은 둑이나 언덕'이다. 따라서 드렁 칡은 '둑이나 언덕을 따라 뻗은 칡덩굴'을 말한다. 이 칡이 바로 그동안 숱하게 써온 한자어 갈등葛藤의 '갈'임을 안 것은 제주

곶자왈[9]에서 만난 숲 해설사의 설명을 듣고 나서다. 그 내용을 《우등생 과학》 '홍 교수님이 들려주는 재미있는 과학 이야기' 코너에 올렸다.

> 식물이 해를 향해 자라는 것은 식물생장호르몬 옥신 때문이야. 옥신이 햇빛의 반대쪽으로 이동하면 그쪽의 세포가 빨리 생장하면서 식물이 해를 향하는데, 이를 굴광성이라고 해. 식물도 옥신으로 해를 보고 있어.
>
> 재미있는 것은 식물 사이에도 갈등이 있어. 원래 '갈등'은 칡(葛)과 등나무(藤)가 서로 엉켜 자라면서 생겨났어. 덩굴식물은 굴촉성이 있어 물체에 닿지 않는 쪽으로 옥신이 이동해 빨리 자라는데, 칡은 시계 반대 방향으로 등나무는 시계 방향으로 나무를 감고 올라가기 때문에 이들이 엉키면 안쪽에 있는 것은 눌려서 죽고 말아.

칡은 굵고 단단하게 자라서 나무로 분류되며, 진한 보라색 꽃은 하늘을 향해 피어오른다. 덩굴식물은 대개 줄기가 가늘고 약해서 햇빛을 잘 받기 위해 다른 식물에 줄기를 감거나, 흡착판으로 물체에 달라붙는다. 게다가 덩굴식물은 빨리 자라서 햇빛을 가리기 때문에 안쪽의 나무는 대개 광합성 부족으로 고

9 '숲'을 뜻하는 제주 사투리 곶과 '자갈'을 뜻하는 자왈을 합친 말.

사하고 만다. 구황작물인 칡뿌리는 건강식품이나 칡냉면, 칡차 등에 쓰인다. 아메리카 원주민이 화살촉의 독을 없애기 위해 칡뿌리를 달여 마셔서, 영어로는 애로루트arrow root라 부른다.

갈등은 헤겔의 변증법적 순환이다. 정반합은 '정正'과 그 반대인 '반反'의 갈등과 조정을 통해 더 나은 '합合'으로 나가는 과정이다. 헤겔의 역사관에서 발전의 핵심 요소는 갈등을 극복하기 위한 노력이다. 정반합은 한쪽이 득이면 다른 쪽은 실인 '제로섬게임'[10]이 아니라 공존을 위한 '윈윈 전략'[11]이다. 상대를 인정하는 것이 발전적인 합을 위한 첫걸음이다. 지식생태학자 유영만 교수의 말처럼 "등지면 악연이지만, 등대면 인연"이다. 오늘 나는 어제의 정과 다른 반을 꿈꾸며 새로운 합으로 나가는 갈등의 기로에 있다.

10 두 사람이 경쟁할 때 이득과 손실의 합이 제로가 되는 게임.

11 미국이 국지전에 대비해 세운 군사전략으로, 두 지역에서 분쟁이 발생했을 때 동시에 승리를 도모한다.

헤이즐넛 커피와 개암나무

개암나무

고소한 향이 코끝으로 스미는 헤이즐넛 커피를 즐겨 마신 때가 있었다. 브라질의 산투스, 에티오피아의 이르가체페, 하와이의 코나처럼 원두의 한 종류로 알고 있던 헤이즐넛에 대한 상식은 개암나무에서 깨졌다. 개암나무는 1~2미터로 자라는 갈잎떨기나무(낙엽 활엽 관목)다. 달걀모양 잎은 끝부분이 짧고 뾰족하며, 어린잎에 있는 자주색 무늬는 자라면서 사라진다.

놀랍게도 개암나무는 영어로 아시안 헤이즐Asian hazel, 그 열

개암나무 열매

매 개암이 헤이즐넛hazelnut이다. 밤과 도토리 중간 크기인 개암은 호두처럼 속껍데기를 벗기고 알맹이를 먹는다. 밤, 호두 등과 함께 부럼으로도 썼다. 개암나무는 밤나무보다 못하다는 '개밤나무'에서 유래한 이름이지만, 개암은 밤보다 훨씬 고소하고 담백하다. 개암은 특유의 향이 있어 아이스크림, 커피 등에 많이 이용한다.

헤이즐넛 커피는 개암을 첨가한 '개암 커피'다. 왜 헤이즐넛을 첨가했을까? 1970년대 미국의 커피 시장은 공급과잉과 소비 위축으로 원두 재고가 쌓이기 시작했다. 이에 업체들이 오래된 원두에 향을 내기 위해 첨가한 것 중 하나가 헤이즐넛이다. 바나나 향을 첨가한 바나나맛우유 같은 착향 음료인 셈이다. 지금은 헤이즐넛이 원두보다 비싸서 헤이즐넛 향을 첨가한다. 따라서 볶은 원두를 직접 내리는 커피 전문점에는 헤이즐넛 커피가 없다.

개암은 전래 동화로 익숙하다. 효성이 지극한 나무꾼이 정신없이 개암을 줍다가 날이 저물어 빈집에 들었다. 자려는 참에 도깨비들이 모여 방망이를 두드리며 진수성찬을 차렸다. 이때 배고픈 나무꾼이 개암을 깨무는 소리에 도깨비들은 혼비백산했고, 그는 도깨비가 놓고 간 방망이를 얻어 큰 부자가 됐다. 이 소식을 들은 욕심 많은 이웃이 도깨비 집을 찾아가 개암을 깨물었으나, 도깨비들은 속지 않고 방망이 도둑놈을 잡았다며 실컷 때려줬다는 이야기다.

커피에는 어떤 종류가 있을까? 에스프레소espresso는 이탈리아어로 '빠른'을 뜻한다. 곱게 간 원두를 고온 · 고압 수증기로 20~30초 이내에 추출한 커피다. 아메리카노[12]는 에스프레소에 뜨거운 물을 탄 커피다. 카페라테는 에스프레소에 우유를 곁들

12 2차 세계대전(1939~1945년)에 참전한 미군 병사들이 에스프레소에 물을 타 마시는 것을 보고 이탈리아 병사들이 '양키들이 먹는 구정물'이라는 의미로 붙인 멸칭이라고도 한다.

인 커피다. 라테는 이탈리아어로 '우유'다. 카푸치노는 뜨거운 우유를 섞은 커피에 우유 거품을 올리고 계핏가루를 뿌린다. 카페모카는 에스프레소에 초콜릿 시럽이나 가루를 넣은 달콤한 커피다. 더치 커피는 찬물로 오랫동안 추출하며, 드립 커피는 필터로 거른다. 그렇지만 카페에서 주문할 때는 망설이다가 '뜨아'나 '아아'를 고른다. 아아를 냉커피라 말하면 연식이 나오는 꼰대 취급을 받는다.

개암은 열량이 높아 '악마의 잼'으로 불리는 누텔라의 주원료다. 2차 세계대전 후 이탈리아에 카카오 수입이 감소하자, 주위에 풍부한 헤이즐넛을 섞어 판매한 데서 유래한다. 누텔라는 헤이즐넛의 '넛'과 부드러운 느낌의 여자 이름 '엘라Ella'를 합친 이름이다.

프랑스 유학 시절, 레바논 친구의 집에서 커피를 마셨다. 프랑스 에스프레소는 그런대로 마실 만했지만, 아랍 커피는 탕약처럼 잊을 수 없는 쓴맛이었다. 음주가 금지된 이슬람 문화권에서 커피는 환대의 상징이며, 회식 때도 술 대신 커피를 마신다. 아랍에미리트에서는 커피를 하루 평균 25잔 마신다는 통계가 있을 정도다. 개암나무와 헤이즐넛과 누텔라, 전혀 상상치 못한 조합이다.

‘염부목’이라 하는 붉나무

붉나무

붉나무 잎

붉나무 오배자

한여름이 막바지로 치달을 즈음, 산과 절개지에는 연노란색 원뿔형 꽃이 하늘로 솟구치듯 듬성듬성 피었다. '빨간 단풍이 불타는 것 같다'는 붉나무의 특징은 잎줄기에 있는 날개다. 맛과 향기뿐만 아니라 약효가 뛰어난 밀원식물이다. 잎과 껍질에서 나오는 진은 지혈, 화상, 곪은 피부에 효과적이다. 붉나무 잎줄기 날개에 진드기가 기생하며 생긴 벌레혹(오배자)은 쪽, 치자나무 열매, 잇꽃 등과 함께 염료로 쓰였다.

붉나무는 염부목鹽膚木이라고도 불렀다. 익은 열매 겉에 덮인 흰 가루[13]를 물에 녹여 소금 대신 사용한 데서 유래한다. 소금은 흴 소素에 쇠 금金을 써 예부터 '하얀 금'이라 할 만큼 귀했다. 우리나라는 삼면이 바다지만 염전에서 생산하는 소금의 양은 한정적이었다. 제주에서는 돌염전을 소금 생산에 이용했을 정도다.

소금을 처음 채취한 곳은 광산이다. 수렵 · 채집 생활을 할 때는 동물의 내장에서 섭취하는 염분으로 충분했지만, 농경 생활을 하면서 소금을 따로 섭취해야 했다. 큰 호수나 바닷물이 고여 있던 지역이 지각변동으로 고립되며 생긴 광산에서 암염을 얻었다. 전 세계 소금 생산량의 약 90퍼센트는 암염이고, 천일염은 10퍼센트에 불과하다.

소금은 '봉급'을 뜻하는 샐러리salary의 어원이 될 만큼 인류의 역사와 궤를 같이했다. 그 처음은 전성기를 구가한 당나라 때다. 현종이 양귀비에 빠져 환관과 외척의 부패와 전횡이 이어지자, 안녹산과 그의 부하 사사명이 안사의난(755~763년)을 일으켰다. 난은 진압됐으나 비대해진 지방 세력이 중앙 통제에서 벗어나자, 정부군을 강화하는 데 필요한 재원을 마련하기 위해 지나친 소비세를 부과한 소금을 독점 공급하기 시작했다. 이에 소금 밀매가 성행하고, 결국 소금 밀매 업자 황소가 난(875~884년)을 일으켰으며, 이로 인해 당나라는 907

13 실제로는 소금의 나트륨이 아니라 천연 사과산칼슘이다.

년에 멸망하고 말았다.

프랑스혁명(1789~1799년)의 도화선이 된 가벨(염세)도 전철을 밟았다. 가벨은 세금 징수 이상이었다. 왕이 정한 법에 따라 8세 이상이면 누구나 매주 한 번씩 사야 하는 소금에 과도한 세금을 부과했다. 18세기 후반에는 소금을 구하지 못해 투옥된 사람이 해마다 3000여 명에 이르렀다. 루이 16세는 미국 독립전쟁(1775~1783년) 지원에 필요한 자금을 가벨로 충당하기 시작했다. 이를 견디다 못한 시민들이 바스티유 감옥을 공격하면서 프랑스혁명의 서막이 올랐다. 이외에도 영국이 정한 소금법[14] 폐지를 주장한 간디의 비폭력 시민 불복종 운동인 소금 행진, 소금 도시인 오스트리아의 잘츠부르크와 미국의 솔트레이크시티, 마포구 염리동과 강서구 염창동이 소금의 흔적이다.

땡볕 아래 소금밭에서 피어나는 소금 결정을 '소금꽃'이라 부른다. 한여름 더위에 붉나무에도 소금꽃이 피었다. 그 소금은 시큼하고 짭짤했다.

14 식민지 인도의 소금 생산과 판매를 통제하고, 과도한 세금이 부과된 영국의 소금만 먹도록 강제한 법.

화학자 홍 교수의
식물 탐구 생활

가을

역사의 현장에 선 회화나무

회화나무

물기를 머금은 완두콩처럼 오동통한 꽃망울이 돋보이는 가로수. 여름에 노르스름한 꽃을 아스라이 피우는 회화나무다. 예술의전당, 국립과천과학관, 강변북로, 경희궁 등 서울 도심 가로수는 은행나무와 플라타너스, 느티나무, 벚나무가 대부분이지만 최근에는 이팝나무, 메타세쿼이아 등과 함께 회화나무가

회화나무 꽃

회화나무 꼬투리

곳곳에서 보인다.

조선 시대 양반 집 화단에 능소화가 피었다면, 그 옆에는 회화나무가 있었다. 회화나무는 집 안에 심으면 가문을 일으킬 인물이 난다는 '학자수scholar tree'로 통했기 때문이다. 잡귀를 막는 상서로운 기운이 있다고 믿어, 나라에 큰 공을 세운 관리에게 회화나무를 하사하기도 했다.

회화나무는 한자어 괴화槐花의 중국어 발음이 '회화'인 데서 유래한 이름이다. 잎이나 꽃이 아까시나무와 비슷하지만, 가시가 없고 어린 가지가 녹색인 점이 다르다. 회화나무는 한자어로 괴목槐木, 아까시나무는 자괴刺槐다. 열매는 생리 활성이 뛰어난 소포리코사이드 성분이 많아 갱년기 기능성 제품의 원료로 쓰인다.

가장 역사적인 회화나무는 병인박해(1866~1871년) 당시 천주교 신자들이 고문과 참수를 당한 해미읍성의 '순교 나무'다. 교황청은 1831년에 조선대목구를 설정하고 프랑스 선교사를 파견하기 시작했다. 흥선대원군은 1864년에 천주교를 가교로 삼아 영국, 프랑스와 동맹을 맺고 러시아를 견제하려 했다. 그러나 혹세무민하는 사학이라는 지배층의 반발이 있는 상황에 두 차례 아편전쟁(1840~1842년, 1856~1860년)을 겪은 청나라가 천주교를 탄압하자, 결국 천주교 탄압령을 포고한다. 프랑스 선교사 아홉 명을 필두로 6년 동안 무려 8000여 명을 학살한 병인박해다.

조선을 탈출한 펠릭스 클레르 리델 신부는 톈진天津의 극동 함대에 알렸고, 프랑스는 병인양요(1866년)를 일으켰다. 흥선대원군은 이에 대한 보복으로 양화나루 잠두봉에서 천주교인 수천 명을 처형했다. 절두산切頭山은 '잘린 머리가 산을 이뤘다'고 해서 붙은 이름이다.

충남 서산의 해미읍성도 그에 못지않았다. 천주교인은 먼저 처형 후 보고하라는 명령이 내려지면서 일부 양반을 제외하고 대부분 마구잡이로 죽였다. 참수, 몰매질, 사람을 곡식 단처럼 돌에 메어치는 자리개질 등 참상은 극에 달했다. 심지어 여숫골[1]에는 1000명이 넘는 신자가 생매장됐다. 해미읍성 회화나무에서는 교수형을 집행했다. 병인박해는《조선과 그 이웃 나라들Korea and Her Neighbors》(1897년)을 쓴 영국의 지리학자 이사벨라 버드 비숍에 의해 외부로 알려졌다. 이 책에 '흥선대원군은 조선을 순교자의 나라로 만든 인물'이라고 기록될 정도로 병인박해는 세계사에 유례없는 천주교 박해 사건이다.

1 신자들이 끌려가면서 "예수 마리아"라고 외치는 소리를 구경꾼들이 '여수 머리'로 알아듣는 바람에 '여우한테 홀렸다'고 해서 붙은 이름이다.

여위어가는 가로수, 플라타너스

양버즘나무

별밤지기[2] 이문세가 부른 '가로수 그늘 아래 서면'(1988년)이라는 노래가 있다. 우리나라 가요를 대중음악의 주체로 세운 이영훈이 노랫말을 짓고 곡을 붙였다. 노랫말에 나오는 '여위어가는 가로수'는 대학로의 플라타너스다. 왜 가로수가 여위어갈까? 여름 내내 풍성하던 잎이 하나둘 말라 떨어지기 때문일까? 여위어가는 가로수 그늘 밑에서 어떤 향기가 더할까? 봄의 라일락은 지고 없는데….

플라타너스는 버즘나무속 나무를 통칭하나 대개 양버즘나무를 말한다. '넓은'을 뜻하는 고대 그리스어 플라투스platús에서 유래하며, 플라타너스는 '잎이 넓은 나무'다. 버즘나무는 알록달록한 나무껍질이 아이들의 얼굴에 핀 버짐[3]과 비슷한 데서 붙은 이름이다.

가로수를 본격적으로 심기 시작한 건 일제강점기다. 경성에서 지방으로 뻗은 신작로를 따라 빨리 자라고 물을 좋아하는 수양버들을 심었다. 하지만 솜털 같은 씨앗이 호흡기 알레르기와 천식을 일으키면서 역사의 뒤안길로 사라졌다.

수분 배출량이 많아 열섬 현상[4]을 누그러뜨리며 이산화탄소 저장 능력이 뛰어난 플라타너스가 1980년대에 그 빈자리를 채

2 MBC 라디오의 최장수 프로그램 〈별이 빛나는 밤에〉를 진행하는 DJ. 이문세는 1985년부터 1996년까지 무려 11년 동안 별밤지기로 있었다.

3 백선균의 감염으로 생기는 피부병. 동전만 한 병변 부위 피부가 생선 비늘처럼 벗겨진다.

4 도시 기온이 외곽이나 주변 지역보다 높게 나타나는 현상.

가지치기한 양버즘나무 가로수

웠다. 특히 공해가 날로 심각해지면서 각광을 받았으나, 크게 자라면서 문제가 발생했다. 햇볕과 상가의 간판을 가리고, 뿌리가 얕게 뻗어 보도블록을 망가뜨렸다.

1990년대 가로수는 은행나무다. 병충해에 강하고, 오염 물질을 흡수하며, 노란 단풍이 탄성을 자아냈다. 그러나 은행 냄새가 고역이었다. 이런 과정을 거쳐 서울의 가로수는 은행나무, 플라타너스, 느티나무 순으로 많다. 최근에는 벚나무, 이팝나무, 회화나무 등을 심는다.

그 플라타너스가 깍두기처럼 잘렸다. 가지치기하는 목적은 나무 모양을 바로잡고 교통표지를 가리거나 고압선에 걸리는 것을 막기 위함이지만, 민원에 따른 경우도 많다. 특히 성장이 빠른 플라타너스는 해마다 가지치기해야 한다. 파리 샹젤리제의 사각 가지치기에서 착안했다는데, 나무를 나무답게 가지 칠 방법은 없었을까? 괴테의 《젊은 베르테르의 슬픔》(1774년)에 잠겨 헤르만 헤세의 《수레바퀴 밑에서》(1906년)를 옆구리에 끼고 까만 뿔테 안경 너머로 떨어지는 낙엽을 보며 무거운 코트 깃을 세우고 대학로를 걸어야 할 것 같은 가로수 그늘 밑 플라타너스다.

어느 날 입가에 옅은 반점이 생겨 피부과를 찾았다. 몇 마디 주고받은 끝에 가렵거나 아프지 않고 특이한 증상도 없어 병명 진단이 애매하단다. "혹시 버짐인가요?" 물었다. "버짐이 뭔가요?" 의사가 반문하며 검색한다. 젊기는 하지만 그래도 피부과 의사인데…. "아! 백선이요? 백선은 아니에요." 나와 피부과 의사를 당혹스럽게 한 버짐 같은 반점은 열흘 만에 종적을 감췄다.

주목에 주목

주목 꽃

앵두만 한 빨간 열매가 눈길을 끈다. 나무껍질과 속이 모두 붉은 주목朱木은 수명이 길고, 목재가 오랫동안 변치 않아 '살아 천년 죽어 천년'이라는 나무다. 임금의 관을 짜거나 가구 제작, 곤룡포와 궁녀의 옷감을 물들이는 데 썼다. 열매는 홍시처럼 무르고 달지만, 씨앗에 함유된 탁산taxane은 '독소'를 뜻하는 톡신toxin의 어원이다.

주목 열매

무엇보다 단단하면서 탄력 있는 주목은 서양의 역사를 바꾼 장궁長弓을 만든 나무다. 전설적인 의적 로빈 후드가 사용한 활도 주목을 통으로 깎은 장궁이다. 이런 장궁 때문에 주목은 씨가 마를 지경이었다.

백년전쟁(1337~1453년) 초기에 영국군은 수적으로 열세였으나, 크레시 전투(1346년)에서 숙련된 사수들의 장궁이 프랑스 기마병을 대파해 기사도 시대의 종언을 고했다. 당시 기사는 중세의 상징이자 봉건제도를 유지하는 군사력의 근간이었다. 마르크스는 부르주아가 귀족과 계급투쟁에서 승리하며 근대로 접어들었다고 했지만, 중세의 기사를 무너뜨린 주역은 장궁이다. 그 후 프랑스는 와신상담 끝에 잔 다르크가 이끄는 민

눈주목

중 군대와 화약을 장착한 대포로 영국군의 장궁을 물리쳤다.

주목이 다시 세상의 주목注目을 끈 것은 주목에서 추출한 항암제 '택솔taxol' 때문이다. 미국 국립암연구소NCI는 1960년대부터 천연물 항암제 개발 프로젝트를 진행하며 3만 5000여 종을 테스트한 결과, 태평양주목 껍질에서 추출한 택솔의 항암 효과를 확인했다. 1992년 미국 식품의약국FDA은 택솔을 '침묵의 암'이라는 자궁암 치료제로 승인했다. 택솔은 난소암, 폐암 등에도 효과가 있었다.

그러나 수령 100년이 넘는 태평양주목 세 그루에서 추출한 택솔로 치료할 수 있는 환자는 단 한 명에 불과했다. 환경보호 단체들은 반발했다. 주목이 자라는 태평양 연안은 올빼미의 주요 서식지이기 때문이다. 환경론자들은 인간을 위해 생태계를 파괴할 수 없다고 주장했으며, 이는 '올빼미와 주목이 사람보다 중요한가?'라는 철학적인 논쟁까지 일으켰다.

주목을 살리면서 택솔을 얻을 순 없을까? 이 문제는 로버트 홀튼이 해결했다. 그는 주목 껍질 대신 잎에서 택솔을 합성할 수 있는 중간물질 '10-DAB'를 추출했다. 주목을 살리면서 택솔을 생산하게 된 것이다.

주목은 어디서든 만날 수 있다. 대항해시대에 선원들을 죽음의 공포에 빠뜨린 괴혈병 치료에 오렌지와 레몬이 있었다면, 20세기 난치병인 암에는 주목이 있었다. 이전에는 빨간 주목 열매를 보면 참새가 방앗간을 지나치지 못하듯 맛을 보곤 했다. 그러나 씨앗을 잘못 삼키면 위에서 분해되어 탁산에 중독될 수 있다니, 그저 주목할 뿐이다.

눈주목은 주로 공원이나 정원에서 만날 수 있다. 주목을 닮은 떨기나무로, '누워 자라는 주목'이라는 뜻이다. 줄기가 옆으로 기고, 가지에서 뿌리가 발달하며, 무리 지어 자란다.

느릅나무 그늘 밑의 욕망

느릅나무

모처럼 한가한 주말, 보라매공원으로 나섰다. 트랙을 걷는 사람들, 삼삼오오 벤치에서 담소를 나누는 사람들로 가득하다. 느릅나무 그늘에서 연인의 무릎을 베개 삼아 하늘을 바라보는 이도 눈에 띈다.

문득 오래전에 본 연극 〈느릅나무 그늘 밑의 욕망〉(1924년)이 떠올랐다. '미국 현대 연극의 아버지' 유진 오닐이 발표해 큰 반향을 일으킨 작품으로, 아버지에 대한 반항, 계모와 불륜을 다뤘다. 아들이 러닝셔츠에 멜빵바지를 입고 계모와 밀회를 나누는 장면, 무대배경인 느릅나무 두 그루 정도가 기억난다.

느릅나무는 세로로 불규칙하게 갈라진 껍질을 빼면 느티나무와 닮았다. 조그마한 꽃도 느티나무처럼 줄기에 다닥다닥 붙었다. 엽전같이 둥글납작한 열매는 날개가 달렸다. 뿌리껍질에서 나오는 녹말은 점액질이며 피부병과 비염, 축농증에 효과가 있어 '코나무'로도 불린다. 암에 효과가 있다고 알려지면서 한때 수난을 당하기도 했다. 이름은 뿌리껍질을 물에 담가두면 흐늘흐늘해진다는 '느름'에서 유래한다.

느릅나무는 구황식물이기도 했다. 녹말이 많은 속껍질을 말린 뒤 가루 내서 음식을 만들어 먹었다. 이에 얽힌 평강공주와 바보온달의 이야기가 《삼국사기》에 전한다.

울 때마다 바보온달에게 시집보낸다는 놀림을 받고 자란 평강공주, 온달을 찾아간다. 그러자 노모는 "내 자식은 배고픔을 참다못해 산에 느릅나무 껍질을 벗기러 간 지 오래됐는데 아직 돌아오지 않았소"라며 거절한다. 마침 지게를 지고 오는 온달과 마주친다. 결혼을 청하자 온달이 말한다. "이는 어린 여자가 취할 행동이 아니니 필시 여우나 귀신일 것이다. 나에게 가까이 오지 마라!" 결국 공주는 온달과 결혼했다.

"나에게 가까이 오지 마라!"고 할 만큼 사리를 분별하면 온달이 바보라는 설정은 영웅담을 극대화하기 위함일 것이리라. 온달이 가져온 느릅나무 껍질은 땔감이 아니라 식량이다. 《장자》〈산목편〉에 당랑규선螳螂窺蟬(눈앞의 이익에 정신이 팔려 다가오는 위험을 모른다)에도 느릅나무가 등장한다.

초나라 장왕이 진나라를 치려 하자 신하가 말했다. "동산 느릅나무의 매미는 자신을 노리는 사마귀를 못 보고 이슬을 마시려 했습니다. 사마귀는 뒤에 있는 새를 몰랐고, 새는 나무 밑에서 화살을 겨눈 사냥꾼을 알지 못했으며, 사냥꾼은 그 아래 웅덩이를 보지 못한 채 새만 잡으려다가 웅덩이에 빠지고 말았습니다." 장왕은 진나라를 치려던 계획을 포기했다.

매미를 노리는 사마귀가 앉아 있던 느릅나무는 우리가 살아가는 세상이다. 1980년대에 연극 관람은 대학생이 누리는 호사 중 하나였다. 어느 날, 연극 보러 가자는 친구들의 유혹에 약속이 있던 종로서적 대신 대학로에 갔다. 휴대전화가 없던 시절, 어떻게 약속하고 만났을까? 도무지 기억나지 않는다. 그날 여자 친구는 노심초사하며 종로서적이 폐점하는 10시까지 기다렸다고 한다. 느릅나무 아래를 지날 때마다 〈느릅나무 그늘 밑의 욕망〉과 종로서적의 기다림이 떠오른다.

표현할 방법이 없네, 산수유

산수유 꽃

산수유 열매

'풍륜'이라 명명한 자전거로 전국의 산하를 누비며《자전거 여행》을 쓴 김훈 작가는 누구나 만날 수 있는 산수유, 목련, 자두나무에서도 사물을 꿰뚫는 글쓰기로 말을 건넨다. "산수유는 존재로서의 중량감이 전혀 없다. 꽃송이는 보이지 않고 꽃의 어렴풋한 기운만 파스텔처럼 산야에 번져 있다. (…) 그래서 산수유는 꽃이 아니라 나무가 꾸는 꿈처럼 보인다."

꿈처럼 존재로서 중량감이 전혀 없다는 산수유는 정기를 보강하는 약용 열매로 존재감을 드러낸다. 씨에 독성이 있어 약재는 열매에서 씨를 빼야 한다. 그러나 씨는 도리깨질이나 키질이 안 되기 때문에 한 알씩 입으로 발라내야 했다. 구례산수유마을 할머니들 치아가 삭거나 기형이 많은 까닭이다.

산수유는 광고로 유명해지기도 했다. "산수유, 남자한테 참 좋은데, 정말 좋은데, 어떻게 표현할 방법이 없네…." 식품으로서 효능을 직접 말하면 식품위생법상 과장 광고가 되기 때문에 《동의보감》(1613년)에서도 극찬한 '산수유의 힘'이라는 문구와 함께 사장이 푸념하는 역발상 광고로 히트한 것이다. 중국 원산인 산수유가 우리나라에 전래한 때는 삼국시대로 추정한다. 《삼국유사》 '임금님 귀는 당나귀 귀' 설화에 결국 대나무를 베어내고 산수유를 심었다는 이야기가 나온다.

봄에 산수유를 닮은 노란 꽃을 만났다. 가지와 잎에서 생강향이 난다는 생강나무다. 잎은 하트 모양, 오리발처럼 윗부분이 둥글게 세 개로 갈라진 모양이 있다. 강원도에서는 동백기름 대신 생강나무 열매로 짠 기름을 사용했기 때문에 생강나무 꽃을 동백꽃이라고 한다. 잎을 비벼 코에 대보니 생강 향이 가득하다.

산수유와 생강나무를 어떻게 구별할까? 산수유는 주 가지에서 나온 꽃이 잔가지에 아련하게 피지만, 꽃자루가 짧은 생강나무는 주 가지에서 솜털처럼 송이송이 피어난다. 이보다 산에 자생하면 생강나무, 마을이나 공원에 심은 나무는 줄기가

생강나무 꽃

너덜너덜하면 산수유다.

사물에 인문학적으로 다가서기란 지난한 일이다. 김훈 작가는 글 쓰는 이유에 대해 "나를 표현해내기 위해서" "우연하게도 내 생애의 훈련이 글 써먹게 돼 있으니까"라고 말한다. 그런 훈련이 돼 있지는 않지만, 새로운 지식과 함께 삶의 풍요로 가는 돌계단이 층층이 쌓여간다.

귤밭의 바람막이숲, 삼나무

삼나무

과수원 돌담 곁에는 비릿한 냄새를 풍기는 쑥대낭이 있었다. 쑥대낭은 삼나무의 제주 사투리로, '쑥쑥 자라는 나무'라는 뜻이다. 삼나무는 일본이 원산이다. 습기에 강한 삼나무는 가구나 액자에 많이 쓰인다. 임진왜란 당시 일본은 재질이 물러서 가공하기 쉬운 삼나무로 아타케부네安宅船[5]를 건조했다. 조선 수군은 단단한 소나무로 거북선과 판옥선을 만들었다. 그 차이는 이순신 장군의 신출귀몰한 전략 전술과 함께 전쟁의 물줄기를 조선으로 틀었다. 영화 〈명량〉(2014년)과 〈한산〉(2022년)에서 볼 수 있듯이 아타케부네는 거북선의 돌격전과 판옥선의 화포에 철저히 격파됐다. 생태사학자 강판권 교수는 《조선을 구한 신목, 소나무》(2013년)에서 임진왜란을 거북선과 아타케부네의 전투, 즉 소나무와 삼나무 전쟁으로 규정했다.

2차 세계대전 후, 일본은 국토 재건을 위해 성장이 빠른 삼나무를 심었다. 그러나 일본 숲의 40퍼센트를 차지하는 삼나무는 햇빛을 가려서 키가 작은 나무와 풀이 자라는 것을 방해해 생물의 다양성을 해쳤고, 많은 사람이 꽃가루 알레르기로 고통에 시달리는 원인이 됐다.

제주에서도 비슷한 상황이 발생했다. 1970년대부터 산림녹화와 귤을 보호하기 위한 바람막이숲으로 삼나무를 심었다. 아

5 '집이 있는 배'라는 뜻이다. 판재를 맞대고 못을 박아 선체를 고정해서 빨리 만들 수 있지만, 통나무에 턱을 내어 짜 맞추는 조선의 판옥선에 비해 내구성이 약하고, 못은 녹슬었다.

삼나무 수꽃

삼나무 암꽃

이러니하게도 삼나무가 빽빽한 제주 비자림로[6]는 2002년 '가장 아름다운 도로'로 선정됐고, 안전을 위한 도로 확장 공사가 시작되자 환경 파괴 논란이 일었다.

6 제주시 구좌읍 평대리 일주도로에서 지방도 516호선까지 이어지는 27.3킬로미터 도로. 제주 평대리 비자나무 숲(천연기념물)을 지나서 붙은 이름이다.

삼나무는 뿌리가 얕은데도 옆으로 뻗은 뿌리끼리 엉켜서 태풍에 잘 견딘다. 《용비어천가》(1447년)[7]에서 "뿌리 깊은 나무는 바람에 아니 흔들려 꽃 좋고 열매 많노니"라고 하지만, 얕은 뿌리로 서로 의지하며 살아가는 삼나무에게도 '뭉치면 살고 흩어지면 죽는다'는 교훈이 있다.

제주에서 자라서일까? 풀과 나무의 추억이 새삼스럽다. 그중에서도 감귤을 지키는 바람막이숲으로 제주의 칼바람을 온몸으로 껴안으려고 쑥쑥 자랐지만, 오히려 햇빛을 가려 벌목 대상이 된 감탄고토甘呑苦吐[8]의 쑥대낭이 다가왔다. 더 멀리 나가기 위해서는 '나'가 아니라 '우리'가 필요하다는 지혜와 함께.

7 세종 때 조선 개국의 위대함을 노래하고, 조선 개국이 하늘의 명에 따른 것임을 강조한 악장.

8 달면 삼키고 쓰면 뱉는다. '자신에게 좋은 것은 받아들이고 불리한 것은 배척한다'는 뜻이다.

세 번 놀라는 모과나무

모과나무 꽃

모과

아파트를 나서면 가장 먼저 모과나무와 마주친다. '나무에 핀 연꽃, 목련' '나무에 핀 백합, 백합나무' '나무에 열린 딸기, 산딸나무' '나무에 핀 꽃, 목화'라고 하듯이 잘 익은 노란 열매가 참외 같아 '나무에 열린 참외, 목과木瓜'에서 유래한 이름이다. 모과는 우리를 세 번 놀라게 한다는 나무다. 첫째, 울퉁불퉁한 열매다. '어물전 망신은 꼴뚜기가 시키고, 과일전 망신은 모과가 시킨다'는 속담처럼 못난이 과일의 대명사다. 반면에 다소곳한 연분홍 봄꽃은 우아한 기품이 있다. 둘째, 못생긴 열매에서 나는 향기다. 가을이면 여기저기 모과를 두고 그 향기를 즐긴다. 셋째, 열매의 시고 떫은맛이다.

모과나무에는 세조와 선비 류윤의 일화가 전한다. 류윤은 단종이 폐위되자 벼슬을 버리고 연제리에 숨어 살며 모과나무를 정원수로 삼았다. 이 나무가 천연기념물로 지정된 청주 연제리 모과나무다. 세조는 그의 능력을 높이 사 조정으로 불렀지만, 류윤은 자신을 이 모과나무에 비유하며 '쓸모없는 사람'이라고 번번이 거절했다. 이에 세조는 모과나무를 뜻하는 무楙와 마을 동洞을 써서 무동처사楙洞處士(모과나무 마을에 사는 처사)라는 어서御書를 내렸다고 한다.

예부터 모과는 차로 마시고, 감기나 천식에 좋으며, 나무 재질이 단단하고 결이 부드러워 장롱을 만드는 데 쓰였지만 당장 먹거리가 궁한 시절에 모과는 '빛 좋은 개살구'였다. 모과와 꼭 닮은 열매를 맺는 명자나무는 연지처럼 붉은 꽃이 선명하다. 여인네가 꽃을 보면 바람난다 하여 집 안에는 심는 것조차 금기시한 명자나무는 산당화山棠花, '아가씨꽃'으로도 부른다. 이름도 한자어 명사榠樝에서 유래한다.

명자나무 하면 일제강점기를 배경으로 한 영화 〈명자 아끼꼬 쏘냐〉(1992년)가 떠오른다. 명자明子라는 조선 여인이 일본인 아끼꼬로, 러시아인 쏘냐로 살아간 파란만장한 세월을 그린 작품이다. 우리나라 여성의 이름에 こ(꼬)로 발음하는 '자子'를

명자나무 꽃

명자나무 열매

쓰기 시작한 것은 일본식성명강요[9] 이후다. 양반가에서 쓰던 '희' '경' '옥' '주' 대신 영자(에이꼬), 순자(준꼬), 경자(게이꼬)와 같이 개명한 것이다.

이름에 '자'를 처음 붙인 사람은 노자(이이)다. 이후 공자(공구), 맹자(맹가), 장자(장주)처럼 학식이 높은 사람에게 '노자와 같은 큰 선생님'이라는 존경의 의미를 담아 '자'를 붙였다. 이처럼 '자'는 중국의 영향을 받은 일본 왕실에서 쓴 이름이지만, 메이지유신(1868~1871년)으로 신분제가 폐지되자 민간에서도 사용했다.

9 일제가 조선인의 성과 이름을 일본식으로 바꾸게 한 민족말살정책. 당시에는 조선의 성명을 일본식으로 바꾼다는 의미로 씨를 창제하는 '창씨개명'이라 했다.

모과나무 껍질

노각나무

백송

모과나무의 특징은 카무플라주[10]처럼 얼룩덜룩한 껍질이다. 노각나무, 백송, 양버즘나무 등도 비슷하다. 노각나무는 껍질이 사슴뿔처럼 보드라운 황금빛이라고 '녹각나무'에서 유래한 이름이다. 얼룩무늬에 광택이 나서 '비단나무'로도 불린다. 어린순으로 만든 노각차는 귀하지만, 성장이 느리다. 백송은 자라며 푸르스름한 껍질이 잿빛에서 차츰 하얗게 된다.

10 군복처럼 위장을 위한 의복에 사용하는 패턴.

냄새 나는 누리장나무와 계요등

누리장나무 꽃

누리장나무 열매

국립수목원에 헛걸음했나 조바심이 날 무렵, 길 끝에서 누리장나무를 만났다. 누구는 흑진주 같은 열매가 좀작살나무의 자줏빛 열매보다 예쁘다지만, 그보다 연붉은 꽃받침이 미묘한 느낌이다. 누리장나무는 잎과 줄기에서 누린 장 냄새가 난다고 붙은 이름이다. 제주에서는 '개똥나무', 한자어는 '오동나무를 닮은 잎에서 고약한 냄새가 난다'고 취오동臭梧桐이다.

누리장나무도 모과나무처럼 세 번 놀란다고 한다. 첫째는 예쁜 꽃, 둘째는 누린내, 셋째는 약재로서 효능이다. 〈천기누설〉이라는 TV 프로그램에서 관절염에 특효가 있다고 소개되며 유명해지기도 했다. 이듬해 다시 찾은 국립수목원에서 누린내풀도 만났다. 꽃이 필 때는 고약한 냄새가 더 강하다지만,

누린내풀

보랏빛 꽃잎과 말린 수술이 예쁘다.

아파트 뒷산에 누리장나무와 어감이 비슷한 노린재나무가 있다. 노린재는 냄새 샘이 있어 위협을 느낄 때 노린내[11]를 풍기는 곤충이다. 그러나 노린재나무는 잎을 태운 재로 만든 '황회'라는 잿물이 누런색을 띠는 데서 유래한 이름이다. 열매는 누리장나무와 비슷한 청남색이다.

제주에서는 나무줄기를 타고 오르는 계요등鷄尿藤도 만났다. '잎과 줄기에서 닭 오줌 냄새가 나는 덩굴'에서 유래한 이름이

11 짐승의 고기에서 나는 기름기 냄새 혹은 고기나 털 등이 타는 냄새.

노린재나무

노린재나무 열매

지만, 닭을 비롯한 새는 오줌을 따로 배설하지 않는다.

식물이 풍기는 냄새는 가시나 타감 물질처럼 자신을 보호하려는 방어기제다. 사람은 어떻게 냄새를 맡을까? 시각은 빛의 파장으로, 청각은 소리의 주파수로 표현할 수 있지만, 후각은 원인 물질인 수많은 냄새 분자의 체계적인 분류가 어려워 훨씬 복잡하다.

후각에 대한 구조 이론에 따르면, 냄새 분자는 이를 감지하는 구조를 갖춘 특정 후각 수용체와 결합해 전기 신호를 일으킨다. 2004년 노벨 생리학 · 의학상도 '냄새 수용체와 후각 시스템의 구조'에 관한 연구에 돌아갔다. 하지만 구조가 비슷한 분자의 냄새가 다르거나, 다른 분자의 냄새가 비슷한 것을 설명하기 어렵다. 반면 진동 이론에서는 후각 수용체가 특정 진

계요등

계요등 열매

동 주파수의 냄새 분자와 선택적으로 결합한다고 주장한다. 예를 들어 초파리가 꼬이는 냄새 분자의 수소를 무거운 중수소로 치환하면 진동 주파수가 낮아져 더는 꼬이지 않는다.

후각 수용체는 동기부여, 감정, 학습과 기억에 관련된 대뇌 변연계에도 영향을 미친다. 특정한 향기에서 어떤 순간의 감정을 떠올리는 것처럼 후각은 문화와 환경에 밀접하게 연관되기 때문이다. 내게 그 향기는 어린 시절 방앗간의 냄새다.

후각 수용체를 이해하는 것은 크나큰 도전이다. 2021년 노벨 생리학 · 의학상은 온도와 촉각의 감각 수용체를 발견한 과학자들이 받았다. 그 안에는 고추의 캡사이신과 민트의 멘톨이 있었다. 후각의 비밀 열쇠가 누리장나무와 계요등의 고약한 냄새에 있는 것은 아닐까?

고로쇠나무, 신나무, 복자기

고로쇠나무

단풍나무, 당단풍나무 말고 고로쇠나무와 조금 낯선 신나무, 복자기도 단풍나무과에 속한다. 고로쇠나무는 잎에 광택이 나며, 가장자리에 톱니가 없고 가위로 오린 것처럼 매끈하다. 골다공증, 위장병, 신경통, 산후조리 등에 좋다는 고로쇠 수액은 해발고도 500미터 이상 일교차가 큰 곳에서 많이 생산된다. 그 맛은? 기대와 달리 밍밍하다.

전설에 따르면 고로쇠 수액을 처음 마신 사람은 신라의 도선 국사다. 그는 풍수설의 대가로, 광양 백운산에서 정진 끝에 득도했다. 그러나 너무 오랫동안 앉아 있어 무릎이 펴지지 않자, 앞의 나무를 잡고 일어서다가 가지가 부러졌다. 거기서 흘러나온 수액을 마시니 거짓말처럼 무릎이 펴졌다. 이후 '뼈에 이로운 나무' 골리수骨利樹에서 고로쇠나무가 됐다. 득도하면 축지법을 써서 훨씬 빨리 걸어갈 것 같은데, 일어설 수조차 없었다니 난센스다.

단풍나무과에 드는 나무는 수액에 자당이 많아 단맛이 난다. 설탕은 사탕무와 설탕단풍에서도 생산된다. 유럽에서 주로 생산하는 사탕무[12]는 조직이 치밀해서 따뜻한 물로 설탕을 녹여 추출한다. 설탕단풍은 고로쇠나무보다 자당이 세 배나 많아 수액을 졸여서 메이플시럽을 만든다. 캐나다 국기에 그려진 잎이 설탕단풍이다. 캐나다에만 있는 줄 알던 설탕단풍을 양평 중미산에서 만났다. 우리나라에 설탕단풍이? 갸우뚱했지만 북서울꿈의숲에서도 봤다.

열매가 단풍나무와 비슷하고, 세 갈래 중 가운데 잎이 큰 신나무도 있다. 신나무는 신맛이 나는 나무라는 설도 있지만,

12 모래 사(沙)에 엿 탕(糖)을 쓰는 사탕은 분말 당분이다. 그런데 조선 시대에 설탕이라는 신조어가 생기면서 사탕은 '캔디'에 해당하는 단어가 됐다.

설탕단풍

신나무

'염료로 쓰이는 나무'라는 색목色木에서 '색'의 중국어 발음에서 유래한 이름이다. 수액은 고로쇠나무보다 당도가 낮으나 양이 많고, 청량감이 뛰어나다. 줄기와 잎을 우린 물로 염색하며, 껍질은 눈병을 치료하는 데 사용한다. 잎자루 하나에 잎이 세 장 달린 복자기는 껍질이 너덜너덜하다. 박달나무처럼 목질이 단단해서 '나도박달나무'라고도 하고, 일본에서는 '안약나무'로 불린다.

복자기

시닥나무

도감을 열심히 봐도 산에서 만나면 이름을 알 수 없는 풀과 나무가 태반이다. 그나마 잎과 줄기로 고로쇠나무, 신나무, 복자기를 구별한다. 한참 지나 두타산에서 열매는 영락없이 단풍나무인데 잎 모양이 낯선 나무를 봤다. 얘도 단풍나무? 높은 산을 찾는 사람들에게만 그 모습을 허락한다는 시닥나무였다.

감쪽같은 감나무와 고욤나무

까치밥

서울교육대학교 본관 앞 사향광장 좌우에는 에듀웰센터와 연구강의동이 있다. 그곳에 대왕참나무의 단풍과 탐스럽게 익어가는 감이 발길을 붙든다. 며칠 뒤 감이 익었나 싶더니, 하나도 남김없이 사라져 아쉬움이 컸다.

장편소설 《대지》(1931년)로 노벨 문학상을 받은 펄 벅 여사가 우리나라에 방문했을 때, 기차를 타고 경주로 향하는 길에 마른 가지에 달린 감 몇 개를 봤다. 왜 따지 않느냐는 질문에

감꽃

'까치밥'이라며 그 의미를 설명하자, "굳이 경주에 가지 않아도 한국을 찾은 보람이 있다"며 한국인의 심성에 감동했다.

'오성과 한음'으로 유명한 오성 이항복이 감의 소유권을 놓고 다툰 일화가 있다. 오성이 여덟 살 때, 그의 집에서 자란 감나무 가지가 담 너머 권철 대감 댁으로 뻗었다. 오성의 하인들이 감을 따려 하자, 권 대감의 하인들이 가로막았다. 오성이 권 대감을 찾아가 문 창호지 안으로 주먹을 쑥 디밀고 물었다. "대감님, 이 팔이 누구 팔입니까?" "그야 네 팔이지, 누구 팔이겠느냐?" "지금 이 팔은 방 안에 들어가 있지 않습니까?" "그렇다 해도 네 몸에 붙었으니 네 팔이지." "그렇다면 저희 집에서 이 댁으로 넘어온 감나무 가지는 누구 것입니까?" "음, 그야 너희 것이지. 가지가 넘어왔어도 뿌리는 너희 집에 있지 않느냐?" "그런데 왜 하인들이 저희 감을 못 따게 합니까?" "우리 하인들이 생각이 짧았구나. 다시는 그런 일이 없도록 하마." 오성은 이 일을 계기로 나중에 권 대감의 아들 권율 장군의 사위가 됐다.

추위에 약한 감은 중부 이남에서 잘 자라며, 위쪽으로 갈수록 작고 떫다. 그래서 추위에 강하고 성장이 빠른 고욤나무를 밑나무로 접붙인다. 이처럼 감나무 가지를 고욤나무에 접붙이는 것을 '감접'이라 한다. 감쪽같다는 말은 '접붙인 곳이 흔적 없이 사라진다'는 감접 같다[13]에서 유래한다. 고욤나무도 접붙이는 데 고정하는 '굄 나무'라는 뜻이다. 그러나 감 씨를 심으면 고욤나무가 되고 만다. 사과, 배, 복숭아도 그 씨를 심으면 원래 유전자가 발현돼 돌사과, 돌배, 개복숭아가 열린다.

암수딴그루인 고욤나무 암꽃은 감꽃의 축소판이며, 수꽃은 항아리 모양으로 2~3개씩 같이 핀다. 고욤의 떫은맛은 상상 초월이다. 떫은맛은 수용성 타닌이 혀의 수분을 빼앗아 부드

13 감색 감(紺)과 '짙은 푸른빛'을 뜻하는 쪽빛의 쪽을 합친 것이라고도 한다. 어두운 남색(감색)과 쪽빛을 구별할 수가 없어서 '감쪽같다'는 것이다.

고욤나무 꽃

고욤

럽고 끈끈한 막이 오그라들면서 나는 까끌까끌한 느낌이다. 매운맛이 통각이라면, 떫은맛은 압각이다.

인생을 살아가는 방법은 두 가지가 있다. 아무 일도 기적이 아닌 듯 살아가거나, 모든 일이 기적인 듯 살아가거나. 역사상 가장 위대한 이론물리학자이자 삶과 생각하는 모든 것이 기적이던 아인슈타인이 한 말이다. 어느 가을날 우연히 만난 고욤나무는 평범한 일상에 주어진 작은 기적이었다.

뭉게구름과 미루나무

양버들

여의도한강공원으로 나섰다. 원효대교에서 양화대교로 향하는 강변에 구름 한 점 없이 맑고 푸른 가을 하늘이 펼쳐졌다. 홍해를 가른 모세의 기적처럼 그 하늘을 둘로 나누겠다는 듯, 솟구쳐 자란 나무가 있다. "미루나무 꼭대기에 조각구름 걸려 있네 / 솔바람이 몰고 와서…." 자연스럽게 박목월의 시에 외

미루나무

국 곡을 붙인 동요 '흰 구름'이 떠오른다.

미루나무는 아름다운 버드나무가 아니라 '미국(美)에서 온 버드나무(柳)'라는 한자어다. 음운동화로 미루나무가 맞지만, 예전에는 미류나무라고 했다. '서양에서 온 버들'이라는 양버들과 비슷하면서도 다르다. 미루나무는 가지가 사방으로 퍼져 자라는데, 양버들은 하늘을 향해 곧게 자란 모습이 빗자루를 닮아 '빗자루 나무'로도 불렸다. 모두 버드나무과에 속한다.

요즘 가로수는 은행나무와 벚나무, 양버즘나무, 느티나무, 메타세쿼이아, 이팝나무, 회화나무 등이 많지만, 예전에는 속성수인 양버들을 심어 마을의 경계로 삼기도 했다. 한강 변에 늘어선 양버들을 보고 미루나무를 떠올린 것은 꼭대기에 조각구름이 걸려 있다는 동요 '흰 구름' 때문이다. 양버들은 인가에 많이 심어 '대중의, 인기 있는, 민간의'라는 영어에서 유래한 포플러poplar로도 불렸다. 그러나 포플러는 미루나무, 양버들, 사시나무 같은 사시나무속(*populous*) 나무를 총칭한다.

빛의 화가 모네는 빛에 따라 시시각각 변하는 '건초 더미 연작' 25점으로 성공한 뒤 '포플러 연작'을 그렸다. 당시 마을 공동체가 소유한 엡트 강가의 포플러가 경매에 부쳐졌다. 나무가 베일 위기에 처하자, 모네는 나무를 모두 구입했다. '포플러 연작'도 큰 성공을 거두고, 계속해서 '루앙대성당 연작'과 '수련 연작' 300여 점을 그렸다.

종로구 부암동 서울미술관[14]에서 한국 근현대 미술을 대표하는 장욱진 화백의 '가로수'(1978년)를 만났다. 노자의 《도덕경》(기원전 4세기경)에 나오는 대교약졸大巧若拙(큰 솜씨는 오히려 서툴게 보인다)에 딱 어울리는 그림이다. 누군가 속삭이는 소

14 홍선대원군의 별장이던 석파정 아래 건립한 미술관.

장욱진, '가로수'

리가 들린다. "미루나무네." 그러나 가로수로 많이 심은 양버들일 것이다. 그 '가로수' 안에 나의 실루엣을 담았다. 어린 시절, 산 할아버지가 쓴 구름 모자를 보며 상상의 나래를 폈다. 고래, 소, 잠자리, 손오공, 어머니… 청명한 하늘도 좋지만, 미루나무에 흰 구름 한 점은 걸려 있어야 진짜 가을 하늘이다.

남이섬의 메타세쿼이아

메타세쿼이아

이름만 들어도 설레는 남이섬을 찾았다. 낭만과 단풍으로 물든 이곳은 국내에서 외국인이 가장 많이 찾는 단일 관광지다. 춘천 남이섬은 원래 육지에 연결돼 있었으나, 조선총독부가 전력 공급원을 확보하기 위해 1944년에 청평댐을 건설하면서 수위가 높아져 섬이 됐다. 지명은 언덕에 쌓인 돌무더기가 남이 장군의 묘라는 전설에서 유래하지만, 진짜 묘는 경기도 화성에 있다.

배를 타고 남이섬에 들어서면 길 양쪽으로 늘어선 메타세쿼이아가 맞이한다. 하늘로 솟구친 모습이 드라마 〈겨울연가〉(2002년)에 소개되면서 담양과 함께 대표적인 메타세쿼이아 길로 자리매김했다.

메타세쿼이아는 그리스어로 '나중에'를 뜻하는 메타meta와 세쿼이아의 합성어다. 세쿼이아sequoia는 캘리포니아에 있는 세계에서 가장 큰 나무로, 체로키족의 문자를 만든 아메리칸인디언 추장 이름에서 유래한다. 세쿼이아는 키가 너무 커서 물관이 끝까지 이르지 못하고 주로 안개에서 수분을 얻기 때문에, 안개비가 많이 내리는 지역에서 자란다. 산불 직후 열기로 솔방울이 벌어지면서 땅에 떨어진 씨앗에 의해 번식하기도 한다. 세쿼이아는 수분을 포함한 껍질과 코르크층이 두꺼워서 불에 잘 타지 않는다.

1941년 일본의 미키 시게루는 세쿼이아와 잎 모양이 비슷하지만 어긋나지 않고 마주난 화석에 '메타세쿼이아'라는 이름을 붙였다. 그리고 1940년대 중국에서 메타세쿼이아 자생지가 발견됐다. 이는 20세기 식물학의 최대 발견이라 한다. 현지인들은 '물이 많이 필요한 삼나무'라고 수삼水杉으로 불렀다. 메타세쿼이아는 미국이 씨앗을 배양하면서 은행나무, 소철과 함께 '살아 있는 화석'으로 전 세계에 퍼졌다.

낙우송落羽松은 일반적인 바늘잎나무와 달리, 잎이 깃털처럼 떨어지는 데서 유래한 이름이다. 메타세쿼이아와 비슷한 낙우송은 땅 위로 튀어나온 원뿔형 뿌리가 눈에 띈다. 이는 늪지대

낙우송

처럼 질척이는 땅은 공기가 통하지 않아 호흡을 위해 올라온 공기뿌리다. 메타세쿼이아 잎은 마주나기, 낙우송은 어긋나기로 구별한다. 이름에서 느껴지는 이미지와 달리 메타세쿼이아가 중국 원산, 낙우송이 미국 원산이다.

남이섬은 친일 재산 논란이 있었다. 한국은행 총재를 지낸 민병도가 일제강점기에 갑부로 유명한 조부 민영휘의 친일 재산으로 토지를 매입했다는 것이다. 그러나 그는 아동문학가 윤석중과 조풍연, 출판인 정진숙 등과 함께 해방되던 해인 을유년에 을유문화사를 창설한 것을 비롯해 일평생 문화 예술 활동을 지원했다. 아무도 관심 없는 남이섬에 '푸른 동산 맑은 강은 우리의 재산, 성심껏 다듬어서 후손에게 물려주자'라는 슬로건으로 나무를 심기도 했다. 국제수목학회가 아시아 최초로 '세계의 아름다운 수목원'에 선정한 천리포수목원의 민병갈 박사는 귀화하면서 의형제를 맺은 민병도 회장의 성을 따서 개명했다고 한다.[15] 2019년 사법부는 남이섬이 친일 재산이 아니라고 판결했다.

15 본명은 칼 페리스 밀러다. 민병도 회장의 성과 밀러의 발음이 같은 데 착안해 돌림자로 병(丙), 칼에서 목마를 갈(渴)을 붙였다.

아폴론의 스토킹, 월계수

월계수

겨울이 성큼 다가선 추위에도 푸른 나무, 타원형 잎 가장자리가 잔물결처럼 일렁이는 월계수다. 아프로디테와 아도니스의 안타까운 만남이 바람꽃 아네모네로 남았다면, 월계수에는 아폴론과 다프네의 잘못된 만남이 있었다.

강의 신 페네오스의 딸 다프네는 태양신 아폴론이 끔찍이 싫었다. 올림포스십이신 중 으뜸인 제우스가 가장 사랑한 아들 아폴론은 젊고 현명하고 늠름하며, 눈부신 외모를 자랑했다. 다프네는 아폴론을 왜 그토록 싫어했을까?

문학과 예술, 궁술 등을 주관한 아폴론은 파르나소스산에서 거대한 뱀 피톤을 활로 쏴 죽였다. 자신감에 찬 그는 어느 날 에로스의 화살을 보고 코웃음 친다. “내 활은 거대한 맹수를 잡는 활인데 네 활은 장난감 같구나.” 자존심이 상한 에로스는 사랑의 황금 화살과 증오의 납 화살을 만들었다. 그리고 파르나소스산에 올라 황금 화살은 아폴론에게, 납 화살은 다프네에게 쐈다. 다프네를 본 아폴론은 사랑에 빠졌지만, 다프네에게 아폴론은 지독한 스토커일 뿐이었다. 아폴론이 쫓아오니 그녀는 필사적으로 도망친다. 다프네는 아폴론에게 잡히려는 찰나, 페네오스에게 도움을 청했다. “아버지, 기적을 베풀어 저를 괴롭히는 이 아름다움을 거두소서.” 그녀는 뻣뻣한 월계수로 변하고 말았다. 아폴론은 포기하지 않았다. “내가 관장하는 영원한 청춘으로 그대의 잎은 항상 푸르리라.”

이후 월계수는 아폴론을 상징하는 나무가 됐고, 아폴론에게 제사를 올리는 피티아 제전 우승자에게 월계관을 씌웠다. 반면

올리브나무

제우스에게 제사를 올리는 올림피아제전 우승자에게는 아테나 여신의 상징인 올리브나무로 만든 관을 씌웠다. 이를 계승한 아테네올림픽에서도 우승자에게 올리브관을 부상으로 수여했다.

왜 영광의 월계관일까? 기원전 776년에 시작된 올림피아제전은 종교와 예술, 군사훈련을 집대성한 헬레니즘 문화의 결정체다. 그러나 로마 시대에 접어들면서 그리스 전통의 종교성보다 오락과 유희성을 띠기 시작했다. 이후 테오도시우스 1세가 기독교를 국교로 삼으면서 올림피아제전은 '이교도의 제전'이라는 이유로 폐지되고, 올리브관도 역사 속으로 사라졌다.

그러나 월계관은 로마의 개선장군에게 수여했으며, 영국에서는 위대한 시인에게 계관시인[16]이라는 칭호를 부여했다. 서양미술에서 아폴론은 위대한 시인과 예술가에게 월계관을 씌워주는 존재였다. 이로 인해 관을 만든 재료에 상관없이 '영광의 월계관'이 상징적인 의미가 됐다.

월계수 잎은 향이 강해서 고기 요리에 향신료로 쓰인다. 방부 효과도 뛰어나 소스, 소시지, 피클, 수프뿐만 아니라 쌀독에 월계수 잎 2~3장을 넣으면 벌레가 꼬이지 않는다. 그런데 태양신 아폴론의 상징이 왜 일계수日桂樹가 아니라 월계수月桂樹일까? 아폴론과 영원히 마주하기 싫은 다프네의 마음일까?

16 17세기부터 영국 왕실에서 국가적으로 뛰어난 시인을 이르는 명예로운 칭호. 계관시인이라는 명칭은 고대 그리스·로마 시대에 명예의 상징으로 월계관을 씌워준 데서 유래한다.

화학자 홍 교수의
식물 탐구 생활

겨울

늘 푸른 소나무

적송

"소나무야 소나무야 언제나 푸른 네 빛…." 우리에게 익숙한 동요 '소나무야'는 독일 민요 '오 타넨바움O Tannenbaum'(1824년)을 번안한 곡이며, 영어로 '오 크리스마스트리Oh, Christmas tree!'다. 타넨바움은 '연인 사이의 변함없는 신뢰'를 뜻하는 전나무인데, 우리나라에서는 쓸쓸한 가을이나 눈보라 치는 겨울에도 언제 어디서나 볼 수 있는 소나무로 번안했다.

곰솔

반송

그 푸른 소나무가 아프다. 차창 밖으로 드문드문 보이는 갈색 나무. 소나무 에이즈라는 소나무재선충병으로 고사했다. 일본원숭이를 들여올 때 사용한 '소나무 우리'를 따라 유입된 소나무재선충이 북방수염하늘소를 타고 전파된 것으로 보인다. 1988년 부산 금정산에서 처음 발견된 이래, 한대성 수종인 소나무의 면역력이 약한 남부 지방부터 전국으로 확산했다.

소나무는 솔나무에서 유래하며, 솔은 '으뜸'이라는 뜻이다. 사마천의 《사기》(기원전 91년)에 따르면, 진시황이 태산에서 제를 지내고 내려올 때 소나무 아래서 소나기를 피한 것을 계

백송

금송

기로 목공木公 작위를 하사하며 송松이 됐다. 잎과 뿌리에서 타감작용을 하는 갈로타닌을 분비하며, 솔잎이 지면을 뒤덮어 소나무 아래서는 진달래나 철쭉 외 식물이 거의 자랄 수 없다.

소나무는 대개 껍질과 겨울눈, 새싹이 모두 붉은 적송(육송)과 껍질이 검은색을 띠어 '검솔'에서 유래한 곰솔(해송)이다. 이외에 반송, 백송, 금송(낙우송과), 나한송(나한송과), 리기다소나무, 솔송나무 등이 있다. 반송은 땅에서 줄기가 여러 갈래로 나뉘며 쟁반처럼 펼쳐져 자란다. 백송은 껍질이 얼룩덜룩한 회녹색에서 점차 흰색으로 변한다. 일왕을 상징하는 금

나한송

리기다소나무

송은 잎이 두껍고 길며 뒷면이 황백색을 띤다. 나한송은 열매 모양이 수행하는 스님을 닮은 데서 유래한다. 나한은 원래 '최고의 깨달음을 얻은 부처'를 이르는 명칭이나, 이후 '부처가 도달한 깨달음의 경지에 이른 사람'으로 바뀌었다. 미국이 원산인 리기다소나무는 잎이 세 개인 미국삼엽송으로, 1907년 일제가 우리나라에 들여온 후 1970년대 산림녹화를 위해 본격적으로 보급했다. 리기다rigida는 '딱딱하다'는 뜻이다.

소나무는 우리와 일상을 함께한 나무다. 율곡 이이는 소나무와 대나무, 매화나무를 세한삼우歲寒三友로 꼽았으며, 고산 윤선

솔송나무

도는 "더우면 꽃 피고 추우면 잎 지거늘 / 솔아 너는 어찌 눈서리를 모르느냐…"며, '오우가五友歌'에서 물과 바위, 대나무, 달, 소나무를 다섯 친구로 노래했다.

과연 소나무는 눈서리를 모를까? 겨울에 낙엽이 지는 것은 증산작용에 필요한 수분이 부족하기 때문이다. 소나무 같은 바늘잎나무는 표면적이 좁아 수분이 적고, 잎에 생체 부동액이 있어 얼지 않는다. 그렇지만 솔잎도 오래되면 기능이 떨어지고, 이듬해 새잎이 나면 잎이 져서 늘 푸르게 보인다.

우리나라 숲은 목재로 쓸 수 있는 참나무류가 약 3분의 1을 차지하며, 단일 수종으로는 신갈나무에 이어 소나무가 두 번째로 많다. 숲이 변화하는 천이의 첫 단계는 뿌리가 얕은 식물이 황무지를 비옥하게 만든다. 그 후 소나무와 같은 바늘잎나무가 숲을 이루고, 참나무를 비롯한 넓은잎나무가 자라서 햇빛을 가리기 시작하면 바늘잎나무는 사라져간다.

그런데 어떻게 소나무가 가장 번성했을까? 소나무는 목질이 가볍고 단단하며, 송진이 있어 습기에 강하고, 가공하기 쉬워 궁궐을 짓거나 배를 만드는 데 사용했다. 조선 시대에는 금송령禁松令을 내리고, 참나무 땔감을 장려하는 등 소나무 보호 정책을 폈다. 그러나 조선 후기에 지방관이 백성을 수탈하는 방편으로 금송 정책이 악용되자, 정약전은 《송정사의松政私議》(1804년)에서 금송 정책 폐지와 적극적인 식목 정책을 주장했다.

1960~1970년대에는 산림녹화를 위해 심은 소나무 묘목이 송충이 때문에 피해를 보자, 전국적으로 '송충이 잡기 운동'을 실시했다. 헬리콥터로 약제를 살포하고, 초등학생까지 깡통과 집게를 들고 뒷산에 올랐다. 심지어 송충이에게 호흡 장애를 일으키는 황사를 기다릴 정도였다. 지금은 그 소나무가 송충이뿐만 아니라 소나무재선충병과 온난화에 따른 삼중고를 겪고 있다.

송무백열의 잣나무

잣나무

널따란 화폭에 덩그러니 놓인 집 한 채, 좌우에는 소나무와 잣나무가 있다. 국립중앙박물관에서 추사 김정희의 '세한도'(1844년)를 만났다. 제주 유배 당시 그렸으며, 거칠고 메마른 붓질이 특징이다. 추사의 정신세계를 미니멀리즘[1]으로 완벽하게 표현한 문인화이며, 그 가치를 인정받아 국보로 지정됐다.

역관인 이상적은 북경에 갔을 때 어렵게 구한 《대운산방문고》, 《만학집》 8권, 《황조경세문편》 120권 등을 죄인의 몸으로 갓 끈 떨어진 스승을 위해 제주로 보냈다. '날씨가 추워진 뒤에야 그 푸름을 안다(세한연후歲寒然後 지송백지후조야知松柏之後彫也)'는 소나무와 잣나무[2]는 자신과 제자 이상적을 나타낸 것이다. 독서가 유일한 낙이던 추사는 《논어》 〈자한〉 편에 나오는 송백지조松柏之操(소나무와 잣나무의 올곧은 기개, 기상)를 뜻하는 '세한도'로 고마움을 표현했다.

삭풍이 몰아치는 제주의 겨울, 추사는 왜 소나무와 잣나무를 그렸을까? 단순히 책을 보내준 것에 대한 고마움은 아니었다. 잣나무는 무성한 소나무 아래서도 잘 자라는 음수다. '소나무가 무성하면 잣나무도 기뻐한다'는 송무백열松茂栢悅[3]처럼 자신과 제자 이상적의 관계가 그렇다는 말이 아니었을까?

1 단순함에서 우러나는 미를 추구하는 사회철학 혹은 문화적 · 예술적 사조.

2 원래 측백나무였으나, 조선 후기에 들면서 잣나무를 가리키는 한자가 됐다.

3 그 뒤에는 '지초가 불타니 혜초가 탄식한다'는 지분혜탄(芝焚蕙歎)이 이어진다. '이웃의 불행을 같이 슬퍼한다'는 뜻이다.

섬잣나무

스트로브잣나무

그러나 소나무의 타감작용 때문에 대부분 그 아래서 잘 자랄 수 없는 '배 아픈 사촌'에 가깝다.

우리나라가 원산인 잣나무는 영어로 코리안파인Korean pine, 한국소나무다. 잣은 '아들 같은 열매가 많이 열린다'는 자子나무에서 유래한다. 소나무처럼 피넨[4]을 방출하고, 스트레스 해소

4 피톤치드는 식물이 내는 살균 · 살충 성분을 총칭한다.

와 삼림욕에 좋다. 다만 잣은 20년 이상 자란 나무에서 열리며, 수시로 가지치기하고 거름을 주는 등 관리가 필요하다. 나무 꼭대기에 달려 수확도 쉽지 않다. 잣송이의 끈적끈적한 송진과 단단한 껍데기는 잣을 보호하기 위한 것이다. 그러나 올림픽공원에서 만난 청설모의 현란한 손놀림과 이빨 앞에는 무용지물이었다. 잣나무는 고산지대에서 자라는 눈잣나무, 울릉도가 원산인 섬잣나무, 목재 생산을 위해 미국에서 들여온 스트로브잣나무 등이 있지만 잣은 잣나무에만 열린다.

전나무, 소나무와 비슷한 잣나무는 어떻게 구별할까? 잎이 하나면 전나무, 두 개면 소나무, 세 개면 리기다소나무, 다섯 개면 잣나무(오엽송)다. 소나무는 잎이 짙은 녹색이고, 잣나무는 은빛을 띠며 줄기 껍질이 각질처럼 일어난다.

교육 현장에서 많이 인용하는 사자성어는 교학상장敎學相長(제자는 진리를 배운 뒤에 부족함을 깨닫고, 스승은 가르치면서 미처 알지 못한 것을 깨달아 같이 성장한다)이다. '쪽에서 나온 푸른빛이 쪽빛보다 푸른 것처럼 제자가 스승보다 뛰어난 인재가 된다'는 청출어람靑出於藍[5]도 있지만, 그보다 중요한 말은 '네 기쁨이 곧 내 기쁨'이라는 잣나무의 송무백열일 것이다.

5 《순자》〈권학〉 편에 나오는 말이다. '학문은 그쳐서는 안 된다. 쪽에서 나온 푸른빛은 쪽빛보다 푸르고(靑出於藍), 물에서 비롯된 얼음은 물보다 차다(氷出於水).'

그때 그 소녀와 치자나무

치자나무 꽃

치자나무 열매

진한 향기를 풍기며 고향 집 창가를 은근슬쩍 넘나들던 나무다. 어느 봄날, 길가에서 몇 번 마주친 여학생이 치자나무 꽃 향기 스며든 골목을 스쳐 지나간다. 그런데 뜬금없이 홱 뒤돌아서더니 샐쭉하게 바라보며 말한다. "무사 자꾸 쳐다보맨?" "내가 언제…." "지금 계속 봠짜나!" "내가?"

꼭두서니과에 드는 치자나무는 주로 남부 지방에서 자라며, 겹꽃은 꽃치자라 한다. 치자나무 치梔는 술잔 치卮에 나무 목木을 합친 글자로, 열매가 삼발이처럼 받침이 있는 제례용 술잔을 닮은 데서 유래한다. 서귀포시 안덕면에 있는 카멜리아 힐에서 동백나무 사이로 노란 바탕에 주홍빛 열매가 달린 치자나무를 만났다. 치자가 반가운 것은 푸른색 청대(쪽), 분홍색 소목 등과 함께 손수건 염색 수업에 사용한 염료이기 때문이다. 단무지, 카레, 바나나맛우유 등을 노랗게 물들이는 천연 색소가 바로 치자다.

19세기 이전에는 색에도 계급이 있었다. 권력과 위엄을 상징하는 보라색 옷은 황제와 귀족만 입을 수 있었다. 보라색 염료 티리언 퍼플Tyrian purple[6] 1그램을 얻으려면 지중해에 서식하는 소라고둥 뮤렉스 1만여 마리를 잡아야 했다. 누구나 원하는 색 옷을 입게 된 것은 윌리엄 퍼킨이 모브mauve를 합성하면서다. 지금은 환경오염을 일으킨다는 인식으로 섬유산업을 기피하지만, 이 합성염료는 의류 민주화에 이바지한 물질이다.

19세기 중엽 석탄을 건류할 때 생기는 코크스는 철강 산업의 핵심이었으나, 끈적끈적한 콜타르가 엄청나게 발생했다. 퍼킨은 열일곱 살에 키니네 합성을 연구한 아우구스트 빌헬름 폰 호프만의 조수로 들어갔다. 그는 콜타르에서 나오는 아

6 지중해의 페니키아인이 상업적으로 가장 큰 성공을 거둔 티레(Tyre, 오늘날 레바논의 도시)에서 생산된 염료.

나도사프란

닐린으로 키니네 합성을 시도했으나 끈적끈적한 물질이 생길 뿐이었다. 그런데 알코올에 녹이자, 뜻밖에도 화려한 보라색을 띠었다. 세계 최초의 합성염료 모브를 발견한 것이다. 그가 열여덟 살 때다.

치자는 황금보다 비싸다는 향신료 사프란[7]의 대용이기도 했다. 대다수 꽃잎은 피보나치수열(1, 1, 2, 3, 5, 8…)에 따른 다섯 장인데, 치자나무나 사프란과 비슷한 나도사프란은 여섯 장이다. 우린 다르다는 걸까?

순백색 치자나무 꽃을 더 돋보이게 만드는 것은 향기다. 치자나무는 영어로 가드니아gardenia다. 샤넬의 '가드니아'도 치자나무 꽃을 이용해서 만든 향수다. 마을 길가에 치자나무 꽃이 피기 시작하면 샤넬의 '가드니아'보다 진한 향기가 알 파치노의 〈여인의 향기〉(1992년)처럼 흩날렸다. 그 향기는 하얀 도화지에 4B 연필로 스케치한 그림을 노랗게 채색한 파스텔 톤 수채화 같았다. "무사 자꾸 쳐다보맨?" 치자나무 꽃과 함께 떠올린 그때 그 소녀는 어디에서 나처럼….

7 수백 송이 암술대를 건조해 1그램 정도 얻는다. 에스파냐의 대표 음식 파에야에도 사용한다.

그땐 그랬지, 쥐똥나무

쥐똥나무 꽃

쥐똥나무 열매

산수유, 수국, 덜꿩나무, 가막살나무, 마가목, 낙상홍, 남천, 화살나무, 앵두나무, 팥배나무, 주목, 구기자나무, 산사나무, 백당나무, 배풍등… 이들 열매는 새의 눈에 잘 띄는 빨간색이다. 쥐똥나무, 인동덩굴, 까마중, 맥문동… 이들 열매는 까맣다. 봄에 하얀 꽃을 보고 '웬 쥐똥나무?' 갸우뚱했는데, 겨울이

오는 길목에서 만난 까만 열매는 영락없이 쥐똥이었다.

쌀 한 톨이 귀하던 시절, 쥐는 식량 도둑이었다. 가을에 수확한 양식이 바닥나고 5~6월 보릿고개가 돌아오면 배고픔은 극에 달했다. 1960~1970년대 전체 곡물 생산량의 10퍼센트를 쥐가 축낸 것으로 추정된다.

1970년 식량 손실을 막고 공중 보건을 위해 실시한 '쥐잡기 운동'의 열쇠는 쥐를 동시에 잡는 것이었다. 정부는 집집이 쥐약을 나눠주고 '쥐는 살찌고 사람은 굶는다. 쥐를 잡아 없애자'는 포스터와 함께 한날한시에 쥐약 놓기를 장려했다. 당시 한 해에 잡힌 쥐는 무려 4300만 마리로 추정했다. '대한뉴스'는 "한국 모피 공업은 쥐 가죽으로 가공한 오버코트, 모자, 핸드백 등 각종 옷감과 장신구의 수출 목표가 25만 달러로 수출 진흥에 힘쓰고 있다"고 보도했다. 쥐 꼬리를 학교에 가져가면 연필 한 자루를 받았다.

쥐의 흑역사는 페스트다. 페스트균에 감염된 쥐의 피를 빤 벼룩이 사람을 물 때 감염되며, 기침이나 체액 등으로 전염된다. 1347년 중국 서남부 지방에서 유행한 페스트는 몽골의 유럽 정복과 실크로드 무역 등을 통해 창궐한 이래 100여 차례에 걸쳐 유럽을 휩쓸었다. 그 이면에 열악한 위생 환경이 있었다.

페스트에 걸리면 피부가 검게 변해서 흑사병黑死病으로도 불렸다. 재레드 다이아몬드가 쓴 《총 균 쇠Guns, Germs, and Steel》(1997년)에 따르면 전염병은 농경 생활과 함께 창궐했다. 인간은 필요한 만큼 사냥하고 이동하는 수렵 · 채집 생활에서 정착해 농

광나무

광나무 꽃

경 생활을 하며 가축을 키우기 시작했다. 그 과정에서 가축의 세균과 바이러스가 집단생활로 빠르게 전파됐으며, 무기와 병균, 금속이 인류의 문명을 바꿨다는 내용이다.

쥐똥나무는 공해에 강하고 관리가 쉬워 울타리에 많이 심었다. 열매가 남성의 정력에 좋아 남정목男貞木이라고도 불렀다. 꽃은 많은 곤충을 불러들이고, 열매는 검은콩처럼 건강에 이롭다. 그런데도 쥐똥나무라는 이름이 붙었으니 억울하다. 북한에서는 '검정알나무'라고 한다.

잎과 꽃, 열매와 약효가 쥐똥나무와 비슷하고 잎에서 광이 나는 광나무도 있다. 매서운 추위에도 떨어지지 않는 푸른 잎을 여인의 절개와 지조에 비유해서 여정목女貞木이라지만, 남정목인 쥐똥나무에 대비한 이름이 아닐까? 쥐똥나무는 겨울에 잎을 떨구는 점이 다르다. 광나무도 밀원식물이고 염분을 함유해 '소금나무'라 한다. 광나무를 제주에서 만났다. 사시사철 푸른 나무가 많은 제주지만, 광나무는 유난히 광난다.

불로초 전설의 측백나무

측백나무

쌀쌀한 오후, 아들과 보라매공원으로 나섰다. 오솔길 따라 야트막한 와우산을 넘는다. "이것은 잣나무와 전나무야. 잎의 개수로 구분하고, 껍질 모양이 다르지. 이건 측백나무고."
"왜 측백나무야?"

1000년을 산다는 측백側柏나무는 납작한 비늘잎이 옆으로 서 있어서 붙은 이름이다. 사시사철 푸르고 촘촘한 잎은 차폐 효과가 커서 울타리에 많이 심는다. 측백나무는 목공인 소나무 다음으로 '백伯' 작위가 부여됐다. 알렉상드르 뒤마의 《몽테크리스토 백작》(1845년)처럼 작위는 유럽에서 시작된 것 같지만, 주나라에서 제후에게 내린 오등작(공公 – 후侯 – 백伯 – 자子 – 남男)이 원조다. 이후 일본이 서양의 작위를 번역할 때 차용했다.

많은 풀과 열매가 약으로 쓰이지만, 측백나무는 타의 추종을 불허한다. 중국에서는 적송자赤松子[8]가 측백나무 씨앗을 즐겨 먹었는데 빠진 이가 다시 돋고 흰머리가 검게 변했으며, 백엽선인은 '득도선술得道仙術 우화등선羽化登仙(잎을 장기간 복용하고 날개가 돋아 신선이 됐다)'의 전설이 있다. 그런데도 측백나무 잎이 무성하게 남은 것이 신기할 따름이다. 몸에 좋다면 뱀, 개구리, 굼벵이 심지어 지렁이도 먹는데 소문이 나지 않았을까? 아니면 도심의 측백나무는 효능이 없었을까?

원뿔형 나무가 실비처럼 가느다란 잎을 축 늘어뜨린 화백도 있다. 화백이라고 하면 신라 때 화백和白(귀족이 중요한 일을 만장일치로 결정한 제도)을 떠올린다. 여기서 백白은 사랑을 고백告白하다처럼 '말하다(아뢰다)'라는 뜻으로 쓰인다. 잎이 옆으로 선 측백나무와 달리, 편백은 잎이 납작하게 누워 있

8 중국 전설의 신농씨 때 우사(雨師), 즉 비를 관장하는 신.

화백

다. 일본어로 '히노끼'라 부르는 편백은 내수성이 강해 사우나의 히노끼탕이나 도마 등에 쓰이지만, 내한성이 약해 주로 남부 지방에서 자란다.

이들을 구별하는 특징은 잎의 뒷면이다. 앞뒤가 같은 측백나무와 달리, 화백과 편백은 'W 자'와 'Y 자' 모양 하얀 숨구멍줄이 뚜렷하다. 화백과 편백 숲에 들어서면 피톤치드 덕분에 기분이 상쾌하다. 그러나 피톤치드는 식물이 병원균과 해

편백 숨구멍줄

화백 숨구멍줄

충에서 방어하기 위해 내뿜는 휘발성 물질로 phyton–은 '식물', –cide는 '죽임'이라는 뜻이다. 밀폐된 공간에서 오래 노출되면 해로울 수도 있다. 더구나 2023년까지 정부가 공식 인정한 사망자가 1258명에 이르는 세계 최초의 생활용품 환경 보건 사건이자 최악의 화학 참사인 '가습기 살균제 사건'(2011년)은 검증이 끝나지 않은 미량의 살균제가 체내에 지속적으로 쌓이면서 발생했다.

메이플라워호와
장진호 전투의 산사나무

서양산사나무 열매

보라매공원 연못 주위의 버드나무, 덜꿩나무, 구상나무, 백당나무 사이로 산사나무에 빨간 열매가 빼곡하다. '산에서 자라는 아침의 나무'라는 산사나무는 산사목山査木에서 유래한다. 사査는 '빨간 열매가 나무(木) 사이에서 해가 뜨는(旦) 것처럼 보인다'는 한자다. 열매가 '산에서 나는 사과'라고도 하지만, 사과沙果는 단면이 모래(沙)처럼 오돌토돌한 열매다.

영국에서는 5월에 피는 꽃을 메이플라워Mayflower로 통칭하는데, 5월 1일쯤 꽃이 활짝 피는 산사나무를 특정하기도 한다. 1620년 영국의 청교도 102명을 태우고 플리머스 항을 출발해 아메리카 신대륙으로 향한 배도 메이플라워호다. 왜 이런 이름을 붙였을까?

헨리 8세는 1533년 아들을 낳지 못한 캐서린과 이혼하고 연인 앤 불린과 재혼하려다가 로마 교황청과 갈등이 생겼다. 이듬해 영국 교회의 모든 권한은 국왕에게 있다는 수장령首長令을 발표하고, 영국 교회를 로마가톨릭교회에서 분리했다. 이후 왕위에 오른 캐서린의 딸 메리 1세가 300명이 넘는 프로테스탄트를 화형에 처하고 가톨릭을 추종한 '피의 메리'다. 그녀에게 자식이 없었고, 그 뒤를 이은 앤 불린의 딸 엘리자베스 1세는 가톨릭 의식에 칼뱅주의 교리를 더한 성공회를 받아들였다. 이에 로마가톨릭교회의 잔재를 청산해야 한다고 주장하던 청교도Puritan는 반발했다. 제임스 1세는 장로교 신자인데도 왕권신수설을 신봉하며 국왕인 동시에 종교의 수장이 될 수 있는 성공회를 지지했고, 청교도를 박해했다.

결국 청교도는 종교의 자유와 이상 사회의 건설을 꿈꾸며 신대륙으로 향했다. 미지의 세계를 향해 망망대해에 몸을 맡긴 청교도는 신의 가호를 바라며 메이플라워호에 올랐을까? 66일간 항해한 끝에 신대륙에 도착한 그들을 필그림 파더스

산사나무 꽃

Pilgrim Fathers, 즉 '순례자의 조상'이라 부른다.

2017년 문재인 대통령은 첫 방미 일정으로 버지니아주 국립해병대박물관의 장진호전투기념비에 헌화하고 기념식수를 했다. 그리고 "산사나무는 별칭이 윈터킹Winter King으로 영하 37도의 혹한 속에서 영웅적인 투혼을 발휘한 장진호 전투를 영원히 기억하기 위해서"라는 의미를 부여했다. 함경남도 개마고원 근처의 인공호인 장진호에서 무슨 일이 있었을까?

1950년 11월 27일부터 17일간 북진하던 미 해병과 국군 1만여 명이 장진호에서 인해전술로 밀려드는 중공군 12만여 명에게 포위되면서 전투가 벌어졌다. 영하 30도를 넘나드는 극한의 추위에 흘린 피와 살점이 그대로 소총에 눌어붙는 전투에서 아군은 중공군의 포위망을 뚫고 퇴각에 성공했다. 이후 사상 유례가 없는 흥남 철수 작전으로 피란민 10만여 명을 포함한 20만여 명이 무사히 철수했다.

어둠을 뚫고 망망대해를 넘어 신세계로 향한 청교도, 혹한에 처절한 전투를 치른 군인들. 산사나무는 청교도의 희망과 무명용사들의 영혼이 서린 나무다. 어느 겨울날, 산사나무의 빨간 열매를 만나면 메이플라워호와 장진호 전투를 떠올려야 한다.

'라면땅' 한 봉지에 20원, 인동덩굴

인동덩굴 꽃

인동덩굴 열매

열매가 까만 인동덩굴은 이름에서 강인함과 결기가 느껴진다. 따뜻한 지역에서는 늘푸른나무, 추운 지역에서는 갈잎나무인데도 흔히 인동초忍冬草(겨울을 참는 풀)라 부른다. 잎이 떨어질 듯 매달린 채 모진 겨울을 이겨내는 서사에 나무보다 풀이 잘 어울려서일까?

늦봄에 핀 하얀 꽃은 가루받이하면 노랗게 변해서 금은화金銀花로도 불린다. 두 송이가 나란히 피어 쌍화雙花라 했다. 남녀상열지사[9]를 노래한 고려가요 '쌍화점雙花店'의 쌍화[10]도 고려 때 개성에 정착한 아랍인과 위구르인이 파는 만두가 인동덩굴 꽃과 비슷해서 붙은 이름이다. 쌍화점은 '만두 가게' 혹은 '세공품 가게'라고 한다.

맥주보리[11]가 누렇게 익어가던 제주의 5월, 따사한 햇살 아래 피어난 인동덩굴 꽃은 어린아이들에게 '돈 꽃'이었다. 염증 치료제로 쓰이는 꽃잎을 10원짜리 '라면땅' 봉지에 꼭꼭 눌러 담아서 한약방에 가져가면 20원을 받아 '자야' 과자를 살 수 있었다. 돌 아래 몸을 '8 자'로 배배 꼬고 숨어 있는 지네도 20원이었다. 말린 지네는 '오공'이라는 한약재로 허리 통증에 쓰였다.

그러나 지네는 만만한 상대가 아니었다. 납작한 지네 머리를 엄지로 누르고 독침 두 개를 빼야 한다. 어설픈 손놀림에 지네는 문어처럼 손가락을 휘감아 역습했다. 물컹한 느낌에 놀라 머리를 놓치는 순간, 독침에 당하면 퉁퉁 부어오른 손가락을 요강에 담갔다. 산성 물질인 지네나 벌의 독은 암모니아수나 비눗물로 중화해서 통증을 완화할 수 있다. 이때 암모니

9 '남녀가 서로 사랑하면서 즐거워하는 가사'라는 뜻으로, 조선 시대 사대부가 고려가요를 낮춰 이르던 말.

10 쌍화탕(雙和湯)은 기혈을 보해 음양의 조화를 이루는 처방에서 유래한다.

11 맥주를 만들기 위해 남부 지방과 제주도에서 재배한 보리. 단백질 함량이 높아 잡맛이 나고 값이 비싸서 수매가 중단됐다.

붉은인동

아수 대신 오줌을 사용하기도 했다. 오줌에 든 요소가 시간이 흐르면서 변한 탄산암모늄에 의해 염기성을 띠기 때문이다.

인동덩굴보다 인동초가 익숙한 것은 김대중 대통령에 대한 기억이 있어서다. 여러 차례 죽을 고비를 넘나든 김 대통령에게 처음 닥친 육체적인 시련은 1971년 의문의 교통사고다. 그는 8대 국회의원 선거 당시 지원 유세 중에 일어난 사고로 평생 왼쪽 다리를 절었다. 1973년 납치 사건, 유신 후 5년 반 동안 이어진 수감 생활, 3년 남짓한 망명 생활, 가택 연금 6년 반, 1980년 신군부의 사형선고…. 그는 1987년 국립5 · 18민주묘지를 참배하면서 혹독한 정치 겨울 동안 강인한 덩굴풀 인동초를 잊지 않고 모든 것을 바쳐 한 포기 인동초가 될 것을 약속했다. 그리고 1998년 15대 대통령으로 취임했다.

샐비어 꽃처럼 꽁무니의 단물이 혀끝을 스쳐 입안으로 스며들던 인동덩굴 꽃이다. 라면땅 봉지에 채워 자야를 산 추억의 돌담을 인동덩굴과 함께 넘나든다.

알통 빵빵한 서어나무와 소사나무

서어나무

산에 오른다. 이내 비 오듯 쏟아지는 땀방울. 한 시간 만에 체력 고갈이다. 참나무, 소나무, 개암나무, 생강나무, 쪽동백나무, 아까시나무, 철쭉 그리고 서어나무를 만났다. 서어나무는 '서쪽에 있는 나무', 서목西木에서 유래한 이름이다. 기준이 어디일까? 설령 기준이 있다고 해도 그보다 서쪽에 있는 나무가 어디 그뿐이랴 싶지만, 서쪽은 '햇볕이 덜 드는 쪽'을 말한다.

대개 나무줄기는 원통형인데, 서어나무는 보디빌더 근육처럼 울퉁불퉁하다. 영어로도 머슬 트리Muscle tree다. 속명 *Carpinus*는 켈트어로 '나무'를 뜻하는 카*Car*, '머리'를 뜻하는 핀*pin*이 만나 '대장 나무'를 일컫는다. 그러나 이름에 어울리지 않게 쓰임새가 적어 주로 땔감으로 사용했다.

서어나무는 숲의 천이 과정에서 마지막 단계인 극상림에 나타나는 대표적인 나무다. 숲은 맨땅(나지)에서 땅에 옷을 입혀주는 지의류地衣類와 식물의 조상이며 광합성을 할 수 있는 이끼 같은 선태류蘚苔類가 수억 년에 걸쳐 토양을 만든다. 여기에 차츰 떨기나무에서 소나무처럼 양지를 좋아하는 큰키나무가 자라고, 그 사이로 참나무류처럼 그늘진 곳도 좋아하는 큰키나무가 자란다. 그리고 서어나무, 단풍나무 등이 숲을 이루면 수종과 양이 크게 변하지 않는 극상림으로 1차 천이가 완성된다. 이후 산불로 숲이 타버리면 풀부터 시작되는 2차 천이가 일어난다.

서어나무를 만나고 영흥도로 가는 길은 특이하게 붉은색과 연분홍색, 흰색 꽃이 핀 배롱나무 가로수가 많다. 드디어 국내에서 유일한 소사나무 군락지가 있는 십리포해수욕장이다. 소사나무는 '서어나무보다 작다'는 소서목小西木에서 유래한 이름이다. 서어나무는 10~15미터 높이로 자라지만, 그보다 작은 십리포의 소사나무는 설치미술처럼 개성이 넘치는 울퉁불퉁한 줄기가 지그재그로 뻗쳐 있다. 바람막이숲으로 심은 소사나무도 서어나무처럼 땔감 외에는 별다른 용도가 없다. 그래

소사나무

서 오늘날까지 남아 십리포해수욕장에 그늘을 드리우는 걸까?

알통 빵빵한 서어나무와 소사나무처럼 건강을 위해서는 근력이 필요하다. 근육은 중년 이후 해마다 1퍼센트 감소한다. 근육이 줄면 각종 성인병에 노출되고, 질병에 걸리거나 다쳤을 때 회복하는 데 오래 걸린다. 세계보건기구는 근감소증을 노화가 아니라 예방해야 할 질병으로 등재했다.

보디 프로필을 찍겠다는 아들이 열심히 운동하고, 단백질 보충제도 꾸준히 챙긴다. 예전에는 전문 보디빌더가 찍었으나, 지금은 운동을 통한 자아 성취의 결과로 모든 이의 로망이다. 운동은 건강을 저축하는 것이다. 베를린마라톤부터 세계 6대 마라톤 대회[12]에 도전한다는 형에게 자극받아 마라톤을 시작한다.

12 보스턴, 뉴욕, 시카고, 베를린, 런던, 도쿄에서 열리는 국제 마라톤 대회.

플라스틱을 만든 녹나무

녹나무

공항을 나서면 가로수가 제주에 도착했음을 실감케 한다. 커다란 야자수 외에도 엇비슷한 후박나무, 먼나무, 담팔수, 녹나무 등이 서울 도심과 다른 느낌으로 다가온다. 그중 녹나무는 어린 가지가 녹색인 데서 유래했으며, 잎은 녹나무과에 드는 월계수 잎과 용도가 같다.

무엇보다 녹나무는 장뇌목camphor tree이었다. 예부터 40년 이상 자란 녹나무를 잘게 잘라 증기로 추출한 장뇌는 향신료, 방부제, 약재, 방향제에 쓰였으며, 가정상비약인 각종 파스나 벌레 물린 데 바르는 약에도 들어 있다. 장뇌는 인류의 문명을 바꾼 세계 최초의 플라스틱, 셀룰로이드를 탄생시킨 원료다. 그 시작은 〈뉴욕타임스〉에 실린 광고 문구다. "상아를 대체할 당구공 물질을 가져오는 사람에게 상금으로 1만 달러를 주겠소."

19세기 중반, 당구가 유행하면서 코끼리 엄니(상아)로는 당구공의 수요를 감당할 수 없었다. 이와 함께 피아노 건반, 빗, 각종 장식에 쓰이며 코끼리가 멸종 위기에 처할 지경이었다. 상아를 대체할 물질 찾기가 당구 업계의 최대 과제였다. 이에 존 하이엇이 나이트로셀룰로스에 장뇌와 알코올을 섞어 셀룰로이드를 발명했다.

그는 상금 1만 달러 중 일부만 받았다. 셀룰로이드가 상아를 완벽하게 대체하지 못했기 때문이다. 하지만 녹슬거나 잘 부러지지 않는 셀룰로이드는 비싼 값 때문에 서민이 꿈도 꾸지 못한 고급스러운 빗을 만드는 데 최적이었다. 잘 깨지지 않는 유리를 연구하던 에두아르 베네딕투스는 고양이 때문에 깨진

실험 기구를 정리하다가 셀룰로이드를 담아둔 유리병이 깨진 채로 붙은 것을 보고 안전유리를 발명했다. 당시 교통사고에서 깨진 유리는 흉기와 같았다.

셀룰로이드의 수요가 폭발적으로 증가하면서 장뇌는 세계적인 산업으로 떠올랐다. 이때 세계가 타이완 고산지대의 녹나무를 주목했다. 서양은 타이완으로 몰려들었고, 미국이 장뇌 무역권을 따내면서 전 세계에 장뇌와 셀룰로이드를 공급했다. 하지만 청일전쟁(1894~1895년) 후 타이완을 점령한 일본이 장뇌를 독점해 엄청난 이익을 취하기도 했다.

셀룰로이드의 단점을 보완한 사람은 리오 베이클랜드다. 그는 1909년 페놀과 폼알데하이드를 반응시켜 베이클라이트를 발명했다. 이는 송진resin과 겉모습이 비슷해서 합성수지라 불렸다. 당구공의 대량생산이 가능해진 것이다. 이후 베이클라이트는 '성형하기 쉽다'는 뜻이 있는 그리스어 플라스티코스plastikos에서 유래한 플라스틱의 대명사가 됐으며, 의복과 식기, 가구, 가전 등 다양한 제품에 쓰였다.

월리스 캐러더스는 1937년에 나일론을 발명했다. 1940년 첫선을 보인 나일론 스타킹은 4일 만에 400만 켤레가 팔릴 정도로 폭발적 인기를 끌었다. 석유를 정제하는 과정에 생긴 에틸렌으로 일상생활에서 가장 많이 사용하는 폴리에틸렌을 만들면서 비닐봉지가 종이봉투를 대체하기 시작했다. 플라스틱 시대가 본격적으로 열린 것이다.

1955년 미국의 시사 잡지 《라이프》에 '한 번 쓰고 버리는 삶

(Throwaway Living)'이란 제목으로 접시와 포크, 숟가락 따위를 던지는 가족의 사진 광고가 실렸다. 사람들은 차츰 일회용품에 적응했다. 그러나 셀룰로이드를 만든 녹나무는 자신이 제공한 캠퍼로 시작한 플라스틱이 거대한 쓰레기 산이 돼서 돌아올 줄은 상상조차 못 했을 것이다.

생소하지만 녹나무는 제주도를 상징하는 나무다. 1930년대 소나무 송진에서 장뇌를 합성하면서 더 이상 녹나무에서 장뇌를 추출하지 않는다.

사랑의열매와 백당나무

백당나무 열매

'서리가 내린 뒤에 붉게 물든다'는 낙상홍落霜紅을 만났다. 어쩌면 저리 고울까! 겨우내 달린 열매는 새들에게 좋은 먹잇감이라는데 별맛이 없나? 나무에 다닥다닥 붙은 채 그대로 남았다. 산사나무, 화살나무, 산수유, 가막살나무, 덜꿩나무, 남천, 마가목, 먼나무의 빨간 열매도 그에 못지않다.

백당나무는 '봄에 하얗게 핀 꽃이 마치 작은 단처럼 보인다'는 백단나무에서 유래했다고도 하고, 불당에 많이 심거나 당

미국낙상홍 열매

서양산사나무 열매

분이 많아서 붙인 이름이라고도 한다. 과연 달콤할까? 말랑말랑한 빨간 열매를 입으로 가져가는 순간, 그야말로 '우웩'이다. 은행 껍질 냄새보다 고약하다. 백당나무는 꽃과 열매는 관상용으로 쓰일 만하지만, 냄새 때문에 정원수로 심지 않는다. 꽃은 가장자리에 곤충을 유혹하는 중성화가 달리고, 가운데 꽃가루받이하는 진짜 꽃이 있다. 이를 개량해서 중성화만 남긴 것이 불두화다.

화살나무 열매

산수유 열매

새들에게 잘 보이라고 빨간 열매를 맺는데 왜 맛은 시거나 떫을까? 맛이 좋아야 새들이 먹지 않나? 게다가 냄새마저 구리다. 이는 식물의 전략적 선택이라고 한다. 맛까지 좋으면 새들이 한꺼번에 먹고 한곳에 배설하기 때문이다. 새들이 빨간색에 이끌려 먹었는데 맛이 그저 그래서 돌아섰다가, 먹을 게 없을 때 다시 찾아 씨앗을 골고루 퍼뜨리려는 전략이다. 그렇다면 산딸나무 열매는 왜 달콤할까? 알다가도 모를 일이다. 새

가막살나무 열매

덜꿩나무 열매

가 열매를 먹고 소화하는 과정에 휴면 상태인 씨앗의 발아를 도와 나무에서 떨어진 씨앗보다 발아가 잘된다.

백당나무 열매는 사랑의열매 모델로 알려졌다. 원래는 산열매(산과 들에 절로 자라는 나무의 열매)를 형상화했지만, 2003년 산림청이 '이달의 나무'로 선정하면서 "겨울 눈꽃 사이로 달린 백당나무의 빨간 열매는 추운 계절에 우리 주위를 돌아보는 따뜻한 마음과 이웃 사랑에 대한 실천의 상징을 담고 있다"

먼나무 열매

남천 열매

라고 설명한 것이 계기가 됐다. 사랑의열매 배지는 1970년 초부터 이웃돕기추진운동본부에서 수재 의연금과 불우 이웃 돕기 성금 모금에 사용하기 시작했으며, 노무현 대통령이 양복 깃에 착용하면서 널리 동참하게 됐다.

남산둘레길에서 '풍을 물리치는 덩굴', 배풍등排風藤을 만났다. 눈이 내린 뒤 붉은 열매가 아름다워 설하홍雪下紅으로도 불리며, 역시 사랑의열매 모델이라고 한다. 누가 더 닮았을까?

마가목 열매

배풍등 열매

막상막하, 난형난제다.

찬 바람 부는 12월, 앙상한 가지에서 새들에게 먹히기를 학수고대하는 빨간 열매를 만났다. 산림청 직원은 백당나무 열매의 냄새를 맡아봤을까? 그랬다면 사랑의열매 상징으로 선정하기가 쉽지 않았을 것이다.

어느 무덤가의 전나무

전나무

숨구멍줄이 뚜렷한 전나무 잎

부안 내소사와 오대산 월정사, 광릉은 우리나라 3대 전나무 숲이 있는 곳이다. 전나무는 희고 끈끈한 수지 성분의 '젖(우유)'이라는 물질이 나와 젓나무로 불린 데서 유래한 이름이다. 어린 전나무는 잣나무처럼 그늘에서도 잘 자라 울창한 숲을 이룬다. 이에 어울리는 고사성어는 덩샤오핑이 1980년대 개혁·개방 외교 노선을 취하면서 내건 도광양회韜光養晦로, '빛을 감추고 어둠 속에서 실력을 기른다'는 뜻이다. 《삼국지》에서 유비가 조조의 식객으로 있을 때 일부러 어리석은 사람처럼 꾸며 경계심을 풀게 한 계책이다.

전나무는 주목, 구상나무와 비슷하다. 주목 잎은 앞뒤가 같고, 구상나무는 잎끝이 두 개로 갈라진다. 흰 숨구멍줄이 뚜

주목 잎

구상나무 잎

렷한 전나무는 잎끝이 뾰족해서 만지면 따끔하다. 백목白木이라 불릴 정도로 목재가 하얀 전나무는 고급 종이의 원료다.

수형이 아름다운 전나무는 독일의 대표적인 늘푸른나무로, 크리스마스트리의 원조다. 별이 반짝이는 어느 날, 마르틴 루터는 나무에 쌓인 눈에 반사된 달빛으로 환한 숲에서 감명받는다. 그리고 전나무에 눈 모양 솜과 빛을 발하는 촛불, 맨 위에 하나님을 뜻하는 별을 매달아 장식한 것이 크리스마스트리의 유래다. 1700년대 후반 독일계 이민자들이 미국에 퍼뜨리고, 영국 왕실에 세워지면서 전 세계적으로 유행했다.

뿌리가 얕아 수백 수천 그루씩 무리 지어 '나무의 바다'를 이루는 전나무는 햇빛을 많이 받기 위해 크고 곧게 자란다. 사찰 주변에 전나무를 많이 심은 것도 크고 곧은 목재를 기둥으로 쓰기 위해서다. 특히 광릉의 전나무 숲은 세조가 월정사의 전나무를 옮겨 심었다는 설이 있다.

조카를 폐위하고 왕위를 찬탈한 세조는 부국강병을 위한 개혁과 자주성 확립에 힘을 기울였다. 호적 제도와 호패법을 강화하여 인구조사와 중앙집권 체제를 정비했으며, 《경국대전》(1460~1485년) 편찬을 시작하는 등 국가의 기틀을 다졌다. 그러나 그가 남긴 정치적 부작용은 훗날 훈구파와 사림파의 정쟁 속에 피바람을 몰고 왔다. 세조는 광릉 근처에서 사냥을 겸한 군사훈련을 자주 하고, 단종의 어머니 현덕왕후의 저주로 얻었다는 피부병 때문에 오대산 상원사와 월정사를 찾아 불공을 드렸다.

광릉 숲은 세조의 능림으로 지정된 덕분에 오늘날까지 원시림으로 남았다. 1999년 국립수목원으로 이름이 바뀌기 전에는 광릉수목원이었다. 세조는 광릉수목원의 푸른 이미지로 덧칠되곤 했다. 그가 바라던 바일까?

크리스마스트리, 구상나무

구상나무

'모든 사람에게는 때가 있다. 때를 기다리다 몸에 때만 낀다.' 어느 목욕탕 입구에 걸린 문구다. 소나무과에 드는 구상나무는 한라산과 지리산, 덕유산 등에서 자생하는 우리나라 특산종이다. 한라산에는 해발 1300미터에서 백록담 정상까지 군락을 이루는데, 태풍과 가뭄, 기후변화 등으로 다른 구과 식물처럼 군락이 점차 줄어들고 있다.

한라산과 첫 인연은 초등학교 6학년 때다. 그리고 아홉 번을 더해 열 번 올랐다. 마지막은 교장 자격 연수단을 인솔했다. 짧은 어리목탐방로나 영실탐방로와 달리 왕복 19킬로미터 남짓한 성판악탐방로는 열 시간 이상 걸린다. 그 길에 잎이 밤송이처럼 돌려나고 뒷면이 은빛을 띠는 구상나무를 만났다. 전나무에 비해 크기가 아담하고, 수형이 원뿔형으로 반듯하며 장식을 달기 쉬워 크리스마스트리로 사랑받는다.

구상나무는 분비나무로 알려졌으나 어니스트 윌슨이 새로운 종으로 분류해 학명은 *Abies koreana*, 영어로 코리안퍼Korean fir라 이름했다. 이후 밤송이처럼 돌려난 잎이 성게 가시와 비슷해 제주에서 '쿠살낭'이라 하던 것을 구상나무라고 불렀다.[13] 미국과 유럽에서 다양한 품종을 개량하면서 크리스마스트리로 쓴다. 외국 기업에 종자 소유권이 있어, 안타깝지만 우리나라도 로열티를 내고 수입한다. 청양고추와 함께 구상나무가

13 열매에서 바늘 모양 돌기가 갈고리처럼 꼬부라져서 갈고리 구(鉤), 혹은 '열매가 하늘을 보는 나무'라는 뜻으로 열매 구(毬)에 상(上)을 더한 것이라고도 한다.

구상나무 어린 솔방울

종자권[14]의 중요성에서 언급되는 것도 이 때문이다.

'밤송이조개'로 불리는 쿠살(성게)은 제주 바닷가에 흔했다. 잔가시가 많은 말똥성게는 돌을 들추면 잡기 쉽지만, 기다란 가시로 바위틈에 꽉 낀 보라성게는 골갱이(호미) 같은 도구를

14 이런 씨앗은 유전 기술로 처리된 '불임 씨앗'이기 때문에 해마다 로열티를 내고 다시 사야 한다.

써야 했다. 빼내려고 억지로 힘을 주면 으깨지니 주의가 필요하다. 성게의 노란 알이 고소하다. 모자반을 넣은 몸국과 성게알미역국은 제주의 대표 음식이다. 흔히 성게 알이라고 아는 우니는 정소와 난소다. 전복 내장으로 아는 노란 것은 정소, 갈색은 난소다.

구상나무는 기후변화에 따른 온난화로 2011년 국제자연보전연맹이 멸종 위기종으로 분류했다. 우리나라도 지리산과 한라산 등지에서 집단 고사가 발생하고 있다.

여름이면 바닷가에서 살았다. 지금은 마을 어촌계에서 공동 양식하지만, 예전에 소라와 성게는 모두의 것이었다. 성게는 껍데기를 깨고 노란 알을 날로 먹었다. 그리고 어깨와 등에 물집이 잡힐 때까지 놀았다. 한라산의 구상나무와 제주 바닷가의 쿠살, 마침내 두타산에서 그토록 보고 싶어 한 구상나무 솔방울을 만났다.

간서치 이덕무의 마가목

마가목 열매

회색 콘크리트 건물 사이로 빨간 열매가 주먹만 하게 모여 달린 나무, 이름이 한약재인가 싶은 마가목이다. 봄에 돋아나는 새순이 말의 이빨 같다고 마아목馬牙木이라 부른 데서 유래한 이름이다.

조선 정조 때 명의 이경화가 편찬한 《광제비급》(1790년)에 따르면 "풀 중에는 산삼, 나무 중에는 마가목"이라 할 정도로 약효가 뛰어나고, "마가목 열매로 담근 술은 36가지 중풍을 고친다"고 한다. 지팡이 하면 명아주로 만든 청려장을 떠올리는데, 마가목 지팡이만 짚고 다녀도 신경통이 낫는다고 한다. 마가목은 고산지대에서 자생하며, 가로수로 심은 것은 대개 당마가목이다.

마가목은 박지원이 쓴 《열하일기》(1780년)에서 馬家木으로, 정조가 지은 글을 모아 엮은 《홍재전서》(1814년)에서 馬加木으로 기록한다. 반면에 자신을 간서치看書痴(책에 미친 바보)라 칭한 실학자 이덕무가 쓴 《청장관전서》(1795년)[15]에는 마가목馬檟木이라고 나온다. 이덕무에게는 집 가家, 더할 가加, 회초리 가檟라는 한자보다 마가목에 대한 실증적 사실이 중요했다. 다음은 그가 후배에게 쓴 편지다.

"마가목은 채찍이나 지팡이를 만드는 데 쓰는 나무인 줄만 알고 실제로 어떤 것인지는 알지 못합니다. 그대와 함께 《본초

15 이덕무의 호 청장관에서 청장(靑莊)은 맑고 깨끗한 물가에 붙박이처럼 서 있다가 다가오는 먹이만 먹고 산다는 신천옹, 해오라기를 말한다.

강목》(1596년), 《군방보》(1621년),[16] 《화한삼재도회》(1712년)[17] 등을 싸 들고 농부와 야수를 찾아다니면서 그 속명을 확인해 도경을 만들지 못함이 유감입니다."

이덕무는 양반 아버지와 양민 어머니에게서 태어난 서얼庶孼[18]이다. 조선의 가혹한 서얼 차별은 서선의 건의로 시작됐다. 그가 태종에게 "정도전과 같은 패악한 서얼 출신 무리가 나오지 않도록 서얼의 벼슬을 막아야 한다"고 주청한 것이 아버지를 아버지라 부르지 못하는 수많은 홍길동을 낳은 계기다. 양반의 일부다처제와 통혼에 따른 기득권층의 급격한 증가를 막기 위한 방편이기도 했다.

"방의 문고리를 잡을 때마다 나는 늘 가슴이 두근거린다. 방에 들어서는 순간 가지런히 꽂힌 책이 한꺼번에 나를 향해 눈길을 돌리는 것만 같다. 책 속에 담긴 누군가의 마음과 내 마음이 마주치는 설렘. 보풀이 인 낡은 책장은 내 손길을 기다리는 듯하다."

신분의 한계 속에도 2만 권을 읽고 또 읽은 그가 벼슬길에 오른 것은 39세 때다. 정조는 서얼 차별을 없애고자 한 영조에

16 곡물과 과일, 나물, 꽃, 풀 등의 종류와 재배법, 효능 등을 수록한 식물 백과사전.

17 일본의 데라시마 료안이 명나라의 《삼재도회》를 모방한 도설 백과사전으로, 전 105권이다.

18 서자와 얼자를 아울러 이르는 말. 양민 첩의 자식은 서자, 천민 첩의 자식은 얼자다.

이어 서얼의 관직 진출을 허용했고, 개혁 정치의 산실인 규장각에 박제가, 유득공, 서이수 등과 함께 그를 책의 교정과 검수를 담당하는 검서관으로 발탁했다. 미관말직에 임시직이지만 책을 좋아하는 그에게는 천금 같은 자리였다.

하루도 책을 놓지 않고 역사와 지리, 초목의 생태까지 방대한 지식을 쌓은 간서치 이덕무. 호학 군주 정조가 그의 시가 우아하다고 한 평에 감읍해 "구중궁궐에서 내린 한 글자의 포상이 미천한 신하의 평생을 결단할 수 있다"며 자신의 호를 아정雅亭이라 지었다. 그러나 정조 치세의 흠으로 남은 문체반정(1792년)[19]에서 《열하일기》와 함께 그의 글이 패관소품[20]이라는 혹평에 충격을 받고 고민하다가 독감으로 일생을 마감했다.

19 잘못된 문체를 올바르게 되돌린다며 성리학에 어긋나는 책과 사상을 금한 사건.

20 소설이나 수필 따위의 가벼운 한문 문체.

탱자 가라사대, 탱자나무

탱자

탱자나무 울타리

제주시 재릉초등학교에 가보면 교문에서 본관 사이에 '생각하는 길'이라는 팻말이 눈에 띈다. 그 양쪽 돌담에는 가시만 남은 탱자나무가 빽빽하다. 아들이 대뜸 묻는다. "탱자탱자가 탱자나무에서 온 말이야?" 그 '탱자'는 성경의 돌아온 탕자에서 나온 말로, 탱자탱자는 '할 일 없이 빈둥거리는 모양'이다. 탱자나무 이름은 탱글탱글한 열매에서 유래했다.

옛날에 탱자나무는 죄인에게 치가 떨리는 나무였다. 귀양에는 고향에 두는 본향안치, 변방으로 보내는 극변 안치, 먼 섬으로 보내는 절도 안치, 죄인이 머무는 집에 탱자나무 울타리로 외부와 접촉을 차단하는 위리안치가 있다. 폭군 연산군, 인조반정으로 폐위된 광해군, 추사 김정희 등이 위리안치 형을 받았다. 강화성과 서산 해미읍성은 해자[21]와 함께 성 둘레에 탱자나무를 심었다.

탱자나무는 줄기에 억센 가시가 많다. 신맛이 강한 열매는 즙을 내거나 설탕에 재서 먹는다. 헤스페리딘이 풍부한 껍질은 항산화 효과가 있고, 감기 예방과 가려움증에 좋으며, 방향제로도 쓰인다. 그런데 왜 탱자나무를 푸대접할까? 탱자의 부정적 이미지는 남귤북지南橘北枳(강남의 귤이 강북으로 가면 탱자가 된다)에서 비롯됐다. 사람은 환경에 따라 착하게도 되고 악하게도 됨을 비유적으로 이르는 말이다.

춘추시대 제나라의 안영이 초나라에 사신으로 갔다. 초나라 왕은 주연을 베푸는 자리에 제나라 출신 도둑을 잡아 왔다. 그리고 제나라 사람들은 도둑질을 잘한다고 말했다. 이에 안영이 다음과 같이 맞받았다. "귤이 회남에서 나면 귤이 되지만 회북에서 나면 탱자가 된다고 들었습니다. 물과 땅이 다르기 때문입니다. 제나라에서 나고 자라면 도둑질하지 않는데 초나라에 오면 왜 그럴까요?"

맹모삼천지교孟母三遷之教도 사람이 환경에 따라 달라지는 것을

21 동물이나 외부의 침입을 막기 위해 성 주위에 판 못.

상징하는 일화다. 공동묘지 근처에 살던 맹자는 상여 옮기기와 곡을 하며 놀았다. 이에 맹모가 시장으로 이사하니, 맹자가 장사하는 흉내를 냈다. 다시 공자를 모시는 문묘 근처로 이사하자, 마침내 맹자가 제례와 글공부에 관심을 보였다는 이야기다.

맹자가 집을 떠나 수학하던 어느 날, 갑자기 집으로 돌아왔다. 맹모는 짜던 베를 자르며 꾸짖었다. "네가 학문을 중도에 그만두고 돌아온 것은 내가 지금 이 베를 자른 것과 같다." 맹자는 다시 학문에 정진해 공자에 버금가는 유학자가 됐다. 맹모삼천지교에 이은 맹모단기지교孟母斷機之敎다.

과연 강북의 탱자를 강남에 심으면 귤이 될까? 그렇지 않다. 강북에서는 탱자나무가, 강남에서는 귤나무가 잘 자라기 때문에 생긴 고사성어일 뿐이다. '살아 있는 등신불'이라 불리던 경허 선사는 "곧은 나무가 쓸모 있다"는 말에 "삐뚠 것은 삐뚠 대로 곧은 것"이라 한다. 강남의 귤도, 강북의 탱자도, 무용지용의 가죽나무도 나름대로 가치가 있다.

녹차아이스크림의 차나무

차나무

녹차아이스크림이 먹고 싶다는 아이들과 오설록으로 향한다. 고향 집에서 가까워 자주 찾는다. 드넓은 다원에 동백꽃을 닮은 흰 꽃이 드문드문 보인다. 차나무는 동백나무 사촌이다. 병충해에 강하고 크게 자라지만, 찻잎을 따기 위해 작게 다듬는다. 차에 든 카페인과 타닌 성분은 각성과 이뇨, 해독, 피로 회복을 촉진한다.

차나무 원산지는 오늘날 중국과 미얀마의 국경에 해당하는 지대다. 기록에 따르면 중국에서는 기원전 200~300년 전부터 차를 마신 듯하다. 주로 귀족층이 즐겼으며, 중국에 불교를 전파하러 온 서역 승려 중 일부도 잠을 쫓는 용도로 차를 활용했다고 전해진다. 우리나라에는 통일신라 흥덕왕 때 당나라에 사신으로 간 대렴이라는 사람이 차나무 씨앗을 들여왔다. 이후 재배를 시작하면서 차 마시는 것이 크게 유행했다고 한다.

동양의 차가 어떻게 서양까지 퍼졌을까? 산업혁명(1760~1820년) 당시 영국 노동자는 위생 환경이 열악하다 보니 수인성전염병에 노출되기 쉬운 물 대신 주로 맥주를 마셨는데, 술에 취하며 생산성에 영향을 미쳤다. 그때 홍차가 등장했다. 공장주는 노동 효율을 높이기 위해 졸음을 쫓는 카페인이 함유된 홍차에 우유와 설탕을 넣은 밀크티를 권장했고, 정부가 홍차세를 폐지하면서 대중화했다. 아편전쟁으로 차 수입이 어려워지자, 식민지인 스리랑카 고산지대에 차나무를 재배했다. 스리랑카는 세계 최대 커피 산지였으나, 1870년대 커피녹병이 발생하면서 차나무와 고무나무를 심었다.

차는 한자 다茶의 발음에서 유래한 이름이다. '일상적으로 흔한 일'을 뜻하는 다반사茶飯事라는 말이 있듯이 우리나라 사람은 삼국시대부터 차를 마셨다. 차 문화는 불교를 통해 이어졌고, 다방은 고려·조선 시대에 차와 술, 푸성귀, 과일, 약 등을 관리하는 관서였다. 차례도 '차를 올리는 예'를 말한다.

조선의 차 문화에서 다산 정약용, 초의 선사, 추사 김정희를 빼놓을 수 없다. 다산은 유배지 강진에서 차를 직접 만들었으며, 다산초당은 차 문화의 산실이다. 그가 강진을 떠난 뒤에 초의 선사는 차 제조법을 계승해 차의 역사와 효용, 다도를 정리한 《동다송》(1837년)을 발간했다. 초의 선사와 추사는 동갑내기 '절친'이다. 유배 시절에 추사는 초의 선사에게 편지한다. "차 시절이 이른 건가요, 아니면 이미 차를 따고 있는 건가요? 몹시 기다리고 있다오." 추사가 세상을 뜨자, 초의 선사는 산문을 나서지 않았다. 자신이 연주하는 거문고 소리를 알아주던 종자기가 죽자 거문고 줄을 끊은 백아절현伯牙絕絃의 백아처럼, 초의 선사와 추사는 지음知音이자 교칠지교膠漆之交[22]다.

녹차는 수확 시기와 발효 정도에 따라서 곡우(4월 20일) 전에 수확한 우전, 곡우에서 4월 말은 세작,[23] 5월 초에서 중순은 중작, 5월 중순에서 6월 초는 대작으로 구분한다. 떫은맛을

22 '아교풀로 붙인 뒤 옻칠하면 떨어지거나 벗겨지지 않는다'는 뜻으로, 떨어지지 않고 마음이 변하지 않는 두터운 우정을 이르는 말.

23 잎이 펼쳐지지 않은 찻잎은 참새의 혀를 닮았다고 해서 '작설차'라고도 한다.

내는 폴리페놀이 발효하지 않은 녹차, 절반 정도 발효한 우롱차烏龍茶, 85퍼센트 이상 발효한 홍차가 있다. 푸얼차普洱茶는 녹차를 미생물로 발효한 차다.

우리나라의 차 문화는 오랜 전통이 있지만, 1인당 연간 차 소비량은 세계 평균의 20퍼센트에 불과하다. 반면 커피 소비량은 세계 평균의 세 배에 가까운 '커피 공화국'이다. 나 역시 차를 마시려고 노력하지만, 아메리카노를 손에 들고 있다. 어쩌랴, 고종 황제도 가배 애호가였는데….

불편한 진실 같지만, 아이들이 좋아하는 녹차아이스크림의 녹색은 동엽록소에서 비롯한다. 동엽록소는 누에똥에서 추출한 성분이고, 누에똥은 치매와 항암, 관절염, 아토피에 효과가 있는 한약재다. 녹차라테, 민트 껌, 아이스바 '메로나'에도 동엽록소가 쓰인다. 아이들에게 녹차아이스크림의 비밀은 모르는 게 약이다.

청미래덩굴과 메멘토 모리

단풍 든 청미래덩굴

차례를 지내고 산소로 향한다. 그곳에서 추위에도 아랑곳하지 않고 산담[24]에 붙어 자라는 송악과 얼기설기 엉킨 청미래덩굴[25]을 만났다. 산담에 착 달라붙은 청미래덩굴은 벌초의 난적

24 제주의 무덤 주변에 돌을 쌓아 경계를 이루는 담.

25 경상도에서는 명감나무, 전라도에서는 종가시덩굴, 황해도에서는 매발톱가시, 강원도에서는 참열매덩굴, 꽃집에서는 멍개나무 혹은 망개나무라 한다.

망개떡

이다. 돌 틈으로 뻗은 억센 줄기를 잡아당기면 산담이 무너지기도 했다. 가시는 말할 수 없이 성가시다.

망개떡은 쌀가루 반죽에 팥소를 넣고 반달 모양이나 네모나게 빚은 다음 청미래덩굴 잎으로 싸서 찐다. 청미래덩굴을 '망개나무'라고 불러 망개떡이라 했다. 잎에 고유의 향이 있고, 표면의 밀랍 층은 떡이 마르고 상하는 것을 막는다. 뿌리는 벌채한 소나무 뿌리에 기생하는 균체인 복령을 닮아서 '토복령'

청미래덩굴 열매, 망개

이라 하며, 이뇨 · 해독 작용, 관절통 등에 쓴다.

로마공화정 당시 개선장군은 얼굴을 붉게 칠하고 백마가 끄는 전차를 타고 행진했다. 이때 노예가 뒤따르면서 "메멘토 모리memento mori(죽음을 기억하라)"라고 외쳤다. '언젠가 당신도 죽는다. 오늘의 환호에 도취하지 말고 겸손하라'는 뜻이다. 영화 〈죽은 시인의 사회〉(1989년)에서 키팅 선생이 남긴 "카르페 디엠carpe diem(지금을 즐겨라)"도 세속적 쾌락이 아니라 '지금에 충실하라'는 뜻이다. 니체의 《즐거운 학문》(1882년)에 나오는 '아모르 파티amor fati(운명을 사랑하라)' 역시 마찬가지다. 그에게 인간의 위대한 점은 희로애락이 반복되는 인생을 사랑하고 개척한다는 것이었다.

이들의 메시지는 소포클레스가 "그대가 헛되이 보낸 오늘은 어제 죽어간 이가 그토록 살고 싶어 한 내일"이라고 한 말처럼 현재의 삶에 충실하라는 뜻이다. "이제는 더 이상 슬픔이여 안녕 왔다 갈 한 번의 인생아…." 가수 김연자의 '아모르 파티'(2013년)가 가슴을 두드리는 울림으로 다가온다.

산담의 청미래덩굴에서 떠올린 운명과 삶이다. 풍수지탄風樹之嘆(바람이 그치지 않음을 나무가 탄식한다)처럼 어버이 살아계실 제 섬기기를 다하는 것이 그보다 절실하다.

공자가 여러 나라를 주유할 때 어디선가 통곡하는 소리가 들렸다. 고어라는 사람이 울고 있어 이유를 묻자, 그가 말했다. "제게는 세 가지 한이 있습니다. 첫째는 공부한답시고 집을 떠났다가 돌아오니 부모님이 세상을 뜬 것입니다. 둘째는 제 뜻을 받아들일 군주를 만나지 못한 것이고, 셋째는 속마음을 터놓던 친구와 절교한 것입니다. 나무는 조용히 있고자 하나 바람 잘 날이 없고, 자식은 모시고자 하나 부모는 기다리지 않습니다. 저는 이대로 서서 말라 죽으려고 합니다." 공자가 제자들에게 말했다. "명심하라. 훈계로 삼을 만하지 않은가?" 그러자 제자 중 열세 명은 부모를 공양하기 위해 고향으로 갔다.

봄의 끝자락, 우면산에서 청가시덩굴을 만났다. 뾰족한 가시가 난 줄기는 갈 지之 자 모양 청미래덩굴과 달리 일자형으로 자란다. 어디선가 "망개떡! 망개떡!" 외치는 소리가 들리는 듯하다.

홍유릉의 독일가문비

독일가문비

남양주시 금곡동에 고종과 명성황후의 홍릉, 순종과 두 황후의 유릉이 있다. 그 뒤쪽에는 황태자 영친왕과 이방자 여사의 영원, 황세손 이구의 회인원, 영친왕의 이복형 의친왕과 덕혜옹주의 묘가 있다. 비운의 대한제국 4대가 한 공간에 잠든 홍유릉이다.

홍릉에 들어서자 가운데 섬이 있는 둥그런 연못이 눈에 띈다. 네모난 연못에 둥그런 섬이 있는 천원지방天圓地方[26]과 다른 형태다. 그 주위에 독일가문비가 생뚱맞다. 피라미드형 가문비나무는 전나무와 비슷하지만, 구과와 잎이 처졌다. 재질이 연한 목재는 펄프의 원료로 쓰인다. 가문비나무는 고산지대에 자생하며, 관상수로 심은 것은 대개 독일가문비다. 가문비는 한자어로 흑피목黑皮木(나무껍질이 검다)에서 유래한다. 독일가문비를 지나 다다른 일자각[27] 앞에 무덤을 수호하는 석물이 늘어섰다.

왜 독일가문비가 이곳에 있을까? 고종의 아관파천과 커피처럼 독일과 어떤 비하인드 스토리가 있을까?

드라마 〈미스터 션샤인〉(2018년)에 보면 고종의 비자금을 둘러싸고 국제적인 첩보전이 벌어졌다. 고종은 독일 대사관의 주선으로 황실 내탕금[28]을 상하이 독일계 은행인 덕화은행에 비자금으로 예치했다. 헤이그만국평화회의(1907년)에서 일본의

26 '하늘은 둥글고 땅은 네모나다'는 뜻이다. 엽전도 이와 같은 형태로 만들었다.

27 일자형 침전으로, 황제가 사후에도 나라를 통치한다고 생각했다.

28 임금과 왕실이 쓸 수 있는 사유재산.

대나무 꽃

침략상을 고발한 외교 고문 헐버트[29]에게 예치증을 맡기며 비자금을 미국 은행으로 옮기라고 지시했으나, 일제가 인출한 뒤였다. 헐버트는 고종 사후에도 비자금을 찾으려고 노력했다. 해방 후에는 덕화은행이 예금을 확인한 영수증을 이승만 대통령에게 넘겼으나, 환수 작업에 착수했다는 기록이 남았을 뿐이다.

독일가문비는 원래 노르웨이 원산 노르웨이가문비나무였으

29 "나는 웨스트민스터사원보다 한국 땅에 묻히기를 원한다"는 소원에 따라 양화진외국인선교사묘원에 안장됐다.

나, 2차 세계대전에서 패한 독일이 국가 재건을 위해 전국에 심으며 독일가문비라 불렀다. 이탈리아 현악기 명장 안토니오 스트라디바리의 명품 '스트라디바리우스'를 탄생시킨 나무이기도 하다. 1700년 전후 70여 년간 알프스 지역의 나무는 혹독한 추위로 생장이 느려졌다.[30] 덕분에 독일가문비는 촘촘하고 밀도가 균일하게 자랐다. 마틴 슐레스케는 《가문비나무의 노래》(2014년)에서 말한다.

"수목한계선 바로 아래의 척박한 환경은 가문비나무가 생존하는 데는 고난이지만, 울림에는 축복입니다. 메마른 땅이라는 위기를 통해 나무들이 아주 단단해지니까요. 바로 이런 목재가 울림의 소명을 받습니다."

명품 스트라디바리우스의 비밀은 혹독한 추위를 이겨낸 독일가문비에 있었다. 개화병으로 꽃을 활짝 피워 씨를 맺고 생명을 다하는 대나무나 죽음을 감지한 소나무가 많은 솔방울을 매다는 것도 생존의 끝에 사력을 다한 번식이다. 이런 현상을 독일어로 앙스트블뤼테Angstblüte(불안 속에서 피는 꽃)라 한다. 베토벤은 최악의 상황에서 생애 최고의 절정을 만든 앙스트블뤼테다. 26세부터 청력을 잃기 시작한 그는 이후 '교향곡 3번'(영웅, 1804년), '교향곡 5번'(운명, 1808년), '교향곡 9번'(합창, 1824년)을 작곡했다.

30 당시 우리나라도 세계적인 기상이변으로 경신 대기근(1670년)이 발생했다.

화촉을 밝히는 자작나무

자작나무

이르쿠츠크에서 바이칼호[31]로 가는 길, 자작나무 숲이 끝없이 이어진다. 북위 45도 이상 시베리아나 북유럽에서 자라는 자작나무는 껍질이 희고 윤이 나며 얇게 벗겨져 종이 대신 사용했다. 경주 천마총[32]의 '천마도'도 자작나무로 만든 채화판에 그렸다.

자작나무는 박달나무처럼 재질이 단단하고 결이 고와서 영험한 나무로 신성시했고, '미인 나무'로도 불린다. 흔히 결혼식 첫날밤을 뜻하는 '화촉을 밝힌다'에서 화는 빛날 화華로, 왼쪽에 나무 목木을 붙이면 자작나무 화樺다. 껍질과 잎에 기름샘이 있는 자작나무는 비싼 밀랍 초 대신 등불을 밝히는 데 사용했다. 이름도 껍질이 자작자작 타는 소리에서 유래한다.

자작나무는 자일리톨의 충치 예방 효과로 세간의 이목을 끌었다. 충치는 음식물의 분해로 생긴 포도당, 과당 등이 뮤탄스균에 의해 산성 물질로 발효해 치아의 표면을 상하게 하는 병이다. 자작나무에서 추출한 자일리톨은 침의 분비를 촉진해 당을 씻어내므로 뮤탄스균은 당과 구조가 비슷한 자일리톨을 먹지만 소화하지 못하고, 헛수고 끝에 굶어 죽는다.

자일리톨은 당뇨병 환자를 위한 감미료로도 쓰인다. 당뇨병은 포도당을 글리코겐으로 바꾸는 인슐린 호르몬의 장애에 따른 대사 질환이다. 혈당치가 올라가면 혈액의 점도가 높아져

31 바이칼(Baikal)은 부랴트어로 '큰 물'이라는 뜻이다.

32 총 유물 1만 1526점 가운데 말다래(장니)에 그린 '천마도'로 인해 천마총이라 명명했다. 자작나무에는 방부제 역할을 하는 큐틴 성분이 많아 지금까지 그림이 선명하다.

자작나무 열매

혈액순환과 관련된 각종 합병증을 유발한다. 자일리톨은 체내에서 포도당으로 바뀌지 않고 에너지로 쓰이기 때문에 인슐린이 필요 없다.

춘원 이광수는 샌프란시스코에 가기 위해 시베리아 횡단 열차를 탔다가 여비가 떨어져 바이칼호에 머문다. 당시 인상을 토대로 쓴 소설이 한국 현대문학을 대표하는 《유정》(1933년)이다. 소설의 무대는 자작나무 설원이 펼쳐진 만주와 시베리아, 바이칼호다.

최석은 세상을 떠난 친구의 딸 정임을 친딸처럼 보살핀다.

일본 유학을 떠난 정임이 아프다는 전보에 그는 도쿄로 향한다. 그러나 둘의 관계를 의심한 아내가 퍼뜨린 소문에 그는 '에로 교장'이라는 기사가 실린다. 최석은 시베리아로 떠나고, 아내와 가족은 뒤늦게 진실을 알게 된다. 그의 딸과 일본에서 돌아온 정임이 시베리아에서 그를 찾았으나 세상을 떠난 뒤였다. 정임은 시베리아에 남는다.

춘원을 바이칼호에 머물게 한 자작나무는 러시아의 혼과 정체성을 상징한다. 1차 세계대전(1914~1918년)을 배경으로 한 영화 〈닥터 지바고〉(1965년)에서 주인공과 연인 라라가 썰매를 타고 달린 설원의 자작나무, 눈 덮인 자작나무 숲을 지나는 기차. 2차 세계대전 스탈린그라드전투(1942~1943년)에서 죽은 러시아 병사들의 영혼이 백학이 돼서라도 돌아가고 싶은 곳 역시 자작나무 숲이 펼쳐진 설원이었을 것이다. 그들에게 자작나무 숲은 영혼의 고향이다.

우리나라에도 자작나무 숲이 있다. 강원도 인제군 인제읍 원대리의 속삭이는자작나무숲이다. 이곳은 솔잎혹파리가 발생해 소나무 숲이 고사하자, 1974~1995년에 자작나무 약 70만 그루를 심어 조성했다.

푸르뎅뎅한 물푸레나무

물푸레나무

수수꽃다리나 자작나무처럼 정감 어린 물푸레나무라는 이름은 껍질을 우린 물이 푸른 데서 유래했다. 한자어는 수청목水青木이다. 단풍나무와 달리 날개가 하나인 열매는 씨가 한쪽에 쏠린 얇고 평평한 시과로, 빙빙 돌면서 떨어진다.

물푸레나무는 용도가 다양했다. 껍질은 눈병을 고치는 약으로, 나무를 태운 재를 푼 물은 승복을 푸르스름한 잿빛으로 물들이는 염료로 쓰였다. 겨울에는 가지를 엮어 신발이 눈에 빠지지 않게 그 위에 신는 설피를 만들었다. 무엇보다 재질이 단단한 물푸레나무는 죄인을 벌하는 '곤장 나무'였다.

조선 시대 오형(태형, 장형, 도형, 유형, 사형) 가운데 태형은 죄인의 엉덩이를 회초리로, 장형은 곤장으로 쳤다. 물푸레나무 곤장은 단단하고 탄성이 좋아 내리칠 때마다 몸에 짝짝 달라붙는 고통이 말할 수 없었다고 한다. 이에 곤장을 가죽나무로 교체했다가 죄인들이 자백하지 않자, 형조판서 강희맹은 다시 물푸레나무로 바꿔달라는 상소를 올리기도 했다. 이후 곤장은 참나무에서 버드나무로 바뀌었다.

장형은 잠깐 참으면 끝나는 고통이 아니었다. 곤장을 맞아 생긴 상처에 장독이 올라 죽는 경우가 비일비재했다. '장독엔 똥물이 특효'라고 민간요법이 쓰이기도 했다. 오죽했으면 똥물까지…. 그러나 《동의보감》에 따르면 똥물은 인중황人中黃[33]이라

33 감초(甘草) 가루를 대나무 통에 넣고 재래식 똥통에 충분히 담갔다가 꺼낸 것을 말한다. 성질이 차가워 유행성 열병, 열 때문에 생기는 모든 독과 부스럼, 균독 등을 치료하고, 어혈을 풀어 피를 맑게 하는 데 쓰였다.

는 약재로 쓰였다. 중종이 임종을 앞두고 고열과 갈증에 시달리자, 의관들은 야인건수野人乾水(마른 똥을 가루로 만들어 끓인 물에 푼 것)를 처방했다. 이후 병세가 진정되자, 중종은 밤중에 열이 심하면 쓸 수 있도록 준비하라고 명했다.

태형과 장형은 1990년대 교실에도 비일비재한 체벌이었다. 일부 선생님들은 30센티미터 자나 회초리를 가지고 다녔다. 심지어 '사랑의 매'라며 물푸레나무 야구방망이[34]로 체벌하기도 했다. 사랑의 매를 맞은 친구는 장딴지에 피멍이 들었다. 물푸레나무는 장딴지마저 시퍼렇게 물들이는 나무다. 뒷짐 지고 머리와 양발로 바닥을 지탱하는 원산폭격이 교육이라는 이름으로 포장된 시절이다.

싱가포르에서는 강간이나 성추행, 마약, 납치 같은 범죄를 저지르거나 공공질서를 크게 해치는 행위를 하면 지금도 볼기를 드러내고 두께 1.27센티미터, 길이 1.2미터에 이르는 등나무 회초리로 태형에 처한다. 이때 집행관이 도움닫기 하면서 후려쳐 회초리가 살점을 파고드는 고통이 뒤따른다. 태형은 1993년에 외교 문제로 비화했다. 싱가포르 미국인 학교에 다니던 학생이 차량 50대를 페인트로 낙서하고 파손한 혐의로 4개월 감방 형에 곤장 여섯 대를 선고받았다. 이에 빌 클린턴 대통령이 "미국인에게 체벌을 강요할 수 없다"며 송환을 요구했으나, 결

34 지금은 주로 단풍나무로 만든다. 단풍나무 야구방망이는 가벼워 스윙 스피드가 빠르지만, 탄성이 적어서 날카롭게 쪼개지며, 타격할 때 손에 충격이 크다.

물푸레나무 목공예

국 곤장 네 대를 집행했다. 미국 내 여론조사 결과, 태형에 처해야 한다는 답변이 많았다는 점이 특이하다.

넓은잎나무 계열로 성장이 느려 단단하고 나이테가 선명한 하드 우드는 월넛, 단풍나무, 참나무, 물푸레나무 순으로 좋다. 그럼에도 물푸레나무 가구가 많은 것은 '가성비' 때문이다. 성장이 빠른 바늘잎나무 계열의 소프트 우드는 부드럽고 가공하기 쉬워서 공예용으로 적합하다.

꽃보다 예쁜 열매, 노박덩굴

노박덩굴 열매

한겨울 갯바람을 맞으며 제부도 제비꼬리길을 걷는다. 해안산책로 800미터와 야트막한 탑재산(66.7미터)을 넘어 원점 회귀하는 약 2킬로미터 코스로, 왕복 한 시간쯤 걸린다. 해안산책로에 놓인 철제 의자와 곳곳에 아기자기한 조형물이 포토 존을 장식한다.

탑재산 계단을 오른다. 까만 열매가 달린 갈퀴덩굴 위로 앙상한 나뭇가지에 꽃잎처럼 세 갈래로 벌어진 껍질 안에 빨간 씨앗이 달렸다. 꽃보다 열매가 예쁘다는 노박덩굴이다. '길 양쪽 가장자리(노방)에서 자란다'고 노방덩굴, '겨우내 노상 열

화살나무 꽃과 열매

참빗살나무 꽃과 열매

매가 달린 나무'에서 유래한 이름이다. 한자어는 남사등南蛇藤(나무가 뱀처럼 생긴 등나무 같다)이다. 양지바른 곳을 좋아해서 볕이 드는 길가에 잘 자란다.

열매가 가종피에 둘러싸인 노박덩굴과의 대표는 사철나무다. 가종피는 겉은 보통 껍질 같으나 수정 후 밑씨의 자루인 주병이 비대해지면서 씨를 감싼 열매껍질이다. 줄기에 깃이 있는 화살나무, 분홍빛 열매가 고운 참빗살나무, 미역 줄기처럼 뻗으며 자라는 미역줄나무 등이 노박덩굴과에 든다. 이들은 대부분 꽃보다 예쁜 열매가 달린다.

사철나무 꽃

사철나무 열매

사철나무는 한자어로 동청목冬青木(사계절 내내 푸르다)이다. 주로 해안가에서 자라던 나무로 추위와 공해, 음지에 강해 어디서든 만날 수 있다. 조선 시대 양반집 안채에는 아낙네가 외간 남자와 얼굴을 직접 대할 수 없도록 하는 낮은 담(문병) 대신 사철나무를 심기도 했다. 자잘한 황록색 꽃이 피며, 굵은 콩알만 한 열매의 껍질이 터지면서 윤기 나는 주홍색 씨앗이 얼굴을 내민다. 잎끝을 노랗게 개량한 금사철은 거리의 화단을 물들인다.

잎이 사철나무를 닮은 줄사철나무는 줄기에서 나온 공기뿌

줄사철나무

피라칸다

리가 지네의 발처럼 다른 나무나 바위에 붙어서 자란다. 콘크리트 벽을 타고 오르는 줄사철나무가 뭐라 말할 수 없을 정도로 가지런하다.

탑재산을 내려와 찾은 카페에서 붉은 열매가 다닥다닥 열린 피라칸다를 만났다. 노박덩굴이 꽃보다 예쁜 열매라면, 피라칸다는 꽃보다 많은 열매로 존재감을 드러낸다. 얼마나 많아 보였으면 꽃보다 많다고 할까? 그리스어 pyro(불꽃)와 acantha(가시)를 합친 pyracanta는 '불가시나무'라는 뜻이다.

어쩔 수 없는 벽, 담쟁이덩굴

담쟁이덩굴 흡착뿌리

야금야금 불어나는 몸무게를 감당할 수 없어 뛰기 시작했다. 첫날 운동장 다섯 바퀴를 돌고 밤새 끙끙 앓았다. 2년 뒤 마라톤 하프 코스에 도전했고, '올레그룹과 함께하는 제주마라톤대회'에서 풀코스를 완주했다. 한강 변을 달린 '월드런마라톤'에서는 3시간 56분으로 개인 최고 기록을 경신했다. 〈아사히신문〉이 선정한 일본 최고의 문인으로, 가장 인문학적이고 낭만적인 마라토너 무라카미 하루키는 말한다.

> 어쨌든 나는 그렇게 해서 달리기 시작했다. 서른세 살, 그것이 그 당시 나의 나이였다. (…) 그것은 인생의 하나의 분기점 같은 것인지도 모른다. 그런 나이에 나는 러너로서의 생활을 시작해서, 늦깎이이긴 하지만 소설가로서의 본격적인 출발점에 섰던 것이다.
>
> 《달리기를 말할 때 내가 하고 싶은 이야기》

그보다 늦은 나이에 오직 인내를 요구하는 러닝을 위해 체육관으로 간 나를 도종환 시인의 '담쟁이'(1986년)가 반겼다. "저것은 벽 / 어쩔 수 없는 벽이라고 우리가 느낄 때 / 그때 / 담쟁이는 말없이 그 벽을 오른다 (…)".

'담장의 덩굴'을 뜻하는 담쟁이덩굴은 포도과에 속하는 갈잎덩굴나무다. 송악속에 드는 아이비와 달리 담쟁이덩굴속이지만, 잎 모양과 벽을 타고 오르는 습성이 아이비를 닮았다. 등나무나 칡은 나무를 휘감고 올라가면서 고사시키지만, 담쟁이덩굴은 흡착뿌리로 줄기나 담을 타고 오른다.

담쟁이덩굴의 강력한 접착력은 뿌리에서 분비되는 당에 있다. 당으로 감싸인 작은 입자가 벽의 미세한 틈새를 채운 뒤 수분이 증발하면서 굳는다. 소나무나 참나무에 붙어 영양분을 흡수한 담쟁이덩굴은 송담이라는 한약재로 쓰인다. 줄기는 씹으면 단맛이 나고, 줄기에서 채취한 수액은 감미료로 쓰였다. 오 헨리의 단편소설 〈마지막 잎새〉(1905년)에서 담쟁이덩굴은 베어먼 노인이 존시를 위해 그린 '최고의 걸작'이다.

담쟁이덩굴

가난한 화가 지망생 존시. 폐렴을 앓는 그는 담쟁이덩굴 잎이 모두 지면 자신의 생명도 끝날 거라고 절망한다. 비바람이 휘몰아친 다음 날, 떨리는 마음으로 커튼을 젖혔다. 아! 마지막 잎새가 있었다. 언젠가 걸작을 남기겠다던 아래층의 늙은 화가 베어먼이 존시를 위해 밤새워 그린 것이다. 존시는 삶의 희망을 찾았고 폐렴은 완치됐다.

누군가는 달릴 때 30킬로미터가 넘으면 엔도르핀이 분비되면서 '러너스 하이Runner's High'의 무아지경에 이른다고 한다. 천만의 말씀이다. 엔도르핀은 고사하고 종아리와 허벅지를 오르내리는 경련으로 세상의 모든 고통을 홀로 짊어진 '유아지경'에 빠진다. 그렇지만 결승선에서 맛보는 감동은 뛴 사람만

미국담쟁이덩굴

이 알 수 있다.

여름이 다가오는 6월, 화단 철책에 미국담쟁이덩굴이 무성하다. 잎이 세 갈래인 담쟁이덩굴과 달리 작은잎 다섯 개로 구성된 겹잎이다. 아이러니하게도 미국 명문대를 상징하는 아이비리그[35]의 아이비는 유럽 원산 아이비나 미국담쟁이덩굴이 아니라 동북아시아에서 유학을 떠난 담쟁이덩굴이다.

35 미국 북동부에 있는 여덟 개 사립대학교. 하버드, 예일, 프린스턴, 펜실베이니아, 컬럼비아, 코넬, 다트머스, 브라운 대학교다.

손기정 선수의 대왕참나무

대왕참나무

사향광장에 피라미드를 닮은 나무 20여 그루가 있다. 우리나라 최초로 올림픽에서 금메달을 딴 손기정 선수의 아린 마음을 간직한 대왕참나무다. 1936년 8월 9일, 베를린올림픽 마라톤 시상대 가장 높은 곳에 손기정 선수가 올랐다. 당시 올림픽 신기록인 2시간 29분 19초로 우승한 그는 히틀러가 수여한 금메달과 월계관, 참나무 묘목을 받았다. 밝은 표정으로 선 은메달리스트와 달리 고개 숙인 그는 참나무 묘목으로 조용히 가슴의 일장기를 가렸다. 3위로 시상대에 오른 남승룡 선수는 "손기정 선수가 참나무 묘목으로 일장기를 가린 것이 그렇게 부러울 수가 없었다"고 회고했다.

독일은 베를린올림픽 우승자에게 독일에서 자생하는 유럽참나무[36]로 만든 월계관과 묘목을 선물했다. 일장기를 가린 참나무 묘목은 손기정 선수 모교인 양정고보(현 손기정체육공원)에 심었다. 그러나 그 참나무는 미국 원산으로 잎끝이 핀처럼 뾰족한 핀참나무pin oak다. 이에 대해서는 손기정 선수가 귀국하고 옮겨 심는 과정에서 죽어 대체했다는 설이 있지만, 정확한 사연은 알려지지 않았다. 핀참나무는 대왕참나무라 부르는데, 1980년대에 묘목을 들여온 종묘사 상호에서 혹은 잎 모양이 임금 왕王 자를 닮은 데서 유래한 이름이다.

보라매공원으로 나섰다. 마시멜로가 있던 화단 근처에 대왕참나무와 같은 듯 다른 나무가 보인다. 혹시 유럽참나무인가? 아쉽게도 루브라참나무다. 심재가 붉은 갈색으로 '레드오크'라고도 한다. 루브라rubra는 '붉다'는 뜻이다.

손기정 선수가 귀국할 때는 어땠을까? 〈동아일보〉와 〈조선중앙일보〉가 시상대에 오른 손기정 선수의 사진에서 일장기를

36 고대 북유럽의 게르만족에게는 참나무 열매 도토리가 매우 중요한 식량으로, '다산'과 '영생'을 상징한다.

루브라참나무

지워버린 '일장기 말소 의거'(1936년) 여파로 그는 유럽 순회를 마치고 일본을 거쳐 귀국할 당시 신변의 위협을 느꼈다. 그를 맞이한 사람은 양정고보 안종원 교장과 서봉훈 교감, 〈조선일보〉 고봉오 기자, 형 손기만이 전부다. 이후 조선총독부는 그를 지속적으로 감시했다.

그리고 56년이 지난 1992년 10월 10일. 황영조 선수는 손기정 옹이 지켜보는 가운데 일본 선수를 제치고 바르셀로나올림픽에서 2시간 13분 23초로 마침내 금메달을 목에 걸었다.

코뚜레의 노간주나무

노간주나무 잎과 열매

산행 중에 가끔 만나는 나무가 있다. 향나무와 사촌지간인 노간주나무다. 양지바른 곳에서 자라며, 가지가 매우 질기다. 한자어 노가자老柯子(늙은 가지가 있는 나무)에서 유래한 이름이다.

향나무속 나무는 잎끝이 날카로운 바늘잎과 부드러운 비늘잎이 있다. 바늘잎과 비늘잎이 섞인 향나무, 비늘잎인 가이즈카향나무와 달리 노간주나무는 모두 바늘잎으로 세 개가 돌려난다.

지금은 논밭갈이에 트랙터와 경운기 등을 사용하지만, 예전에는 소가 끄는 쟁기로 갈았다. 힘센 소를 다루려면 코뚜레를 꿰고 고삐에 매야 했다. '코 뚫어'에서 유래한 코뚜레는 노간주나무, 느릅나무, 향나무로 만들었다. 특히 노간주나무는 잘 휘어서 불에 달궈 벽에 걸어두면 모양이 쉽게 잡히고, 살균 효과가 있어 코에 생긴 상처가 덧나지 않아 '코뚜레 나무'로 불렸다. 코뚜레에 꿰인 소는 고삐 잡은 주인의 손짓에 따라 움직일 수밖에 없었다.

농경 사회에서 '재산 목록 1호' 소에게는 굴레와 멍에도 씌웠다. 굴레는 소나 말의 목에 채워 고삐를 매는 얼개로, 쓰고 나면 죽을 때까지 벗을 수 없었다. 멍에는 수레나 쟁기를 끌기 위해 목덜미에 얹는 'ㅅ 자형' 농기구다.

성경에 '멍에의 비유'가 나온다. "수고하고 무거운 짐 진 자들아 다 내게로 오라 내가 너희를 쉬게 하리라 나는 마음이 온유하고 겸손하니 나의 멍에를 메고 내게 배우라 그리하면 너희 마음이 쉼을 얻으리니 이는 내 멍에는 쉽고 내 짐은 가벼움이라"(〈마태복음〉 11장 28~30절).

예수가 진 '나의 멍에'는 무엇일까? 당시 이스라엘에서는 멍에 두 개를 '겨리'라는 일자형 나무로 연결해 소 두 마리가 끄는 '겨리 쟁기'를 사용했다. 농부가 왼쪽의 힘센 소를 부리면 오른쪽의 소는 그대로 따라가면 됐다. '나의 멍에를 메고 내게 배우라'는 '예수가 짊어진 겨리 쟁기 안으로 들어와 따르라'는 뜻이다. 그 멍에는 언젠가 스스로 개척해야 할 자기 운명이다.

향이 독특한 노간주나무는 진gin의 원료로 쓰였다. 1649년 네

덜란드 의사 실비우스 드 부베는 옥수수, 호밀, 보리 등에 노간주나무 열매를 첨가해서 이뇨와 해열에 좋은 약용주 진을 만들었다. 1689년 영국으로 수출된 진은 럼rum을 밀어내고 국민 술로 자리 잡았다. 가혹한 노동에 시달리던 하층민은 싸고 독한 진에 빠져들었다. 당시 영국에선 수인성전염병 때문에 물 대신 주로 맥주를 마셨으나, 진이 유행하면서 알코올중독이 사회문제를 초래하자 진의 판매를 억제하기 시작했다. 1830년 알코올 도수가 낮은 맥주에 부과된 세금을 없애고 누구나 맥주를 판매할 수 있도록 하면서 진 대신 맥주를 마시게 된 것이다.

진은 차츰 칵테일 제조에 사용됐다. 19세기에 인도를 지배하던 영국군은 말라리아로 어려움을 겪어, 예방약인 키니네를 먹었다. 이때 키니네의 쓴맛 때문에 타서 마신 탄산수가 설탕을 첨가해 달콤한 토닉 워터, 여기에 얼음과 진을 추가하고 라임을 얹은 것이 진토닉이다.

이름조차 낯선 노간주나무는 소의 자유를 구속하는 코뚜레나무이자, 인간을 말라리아에서 해방한 키니네를 먹기 쉽게 해준 진토닉의 원료다. 나의 코뚜레와 멍에는 무엇일까?

바라봄의 법칙, 은사시나무

은사시나무

껍질눈이 다이아몬드 모양인 은사시나무는 자작나무, 물박달나무, 벚나무, 모과나무, 배롱나무, 산수유처럼 나무껍질로 구별하기 쉽다. 사시나무속에는 우리나라 자생종인 사시나무와 유럽에서 도입한 은백양, 사시나무와 은백양의 자연 교배로 생긴 수원사시나무가 있다. 은사시나무는 수원사시나무와 은백양의 자연 교배종으로, 산림녹화를 위해 심었다.

은백양

왜 은사시나무였을까? 사시나무와 수원사시나무는 산지에서 잘 자라지만 꺾꽂이가 어렵고, 물이 많이 필요한 은백양은 산지에 적합하지 않다. 꺾꽂이가 쉽고 내한성이 있는 은사시나무는 목재로 쓰임새가 적지만, 성냥개비나 나무젓가락 등을 만들 수 있어 민둥산을 메울 속성수로 적합하다. 이에 육종학의 거두 현신규 박사는 수원사시나무와 은백양을 인공 교배한 은수원사시나무를 개발 · 보급했다. 박정희 대통령은 그의 공을 치하해 '현사시나무'라 부르기도 했다. 은사시나무와 은수원사시나무는 같은 종이지만, 꽃가루가 많이 날리면서 관심 밖으로 밀려나고 말았다.

사시나무는 만나기 쉽지 않다. 흔히 겁먹거나 추워서 덜덜 떠는 모양을 '사시나무 떨듯 한다'고 말한다. 긴 잎자루 끝에 매달린 큰 잎이 앞은 녹색, 뒤는 은회색이어서 바람이 조금만 불어도 나무가 파르르 떠는 것처럼 보이기 때문이다. 성장이 빠른 사시나무가 빨아올린 물을 빨리 배출하기 위해 이파리를 떠는 것이라고도 한다. 영어로는 트렘블 트리Tremble tree(떠는 나무), 일본에서는 '산이 울린다'는 뜻으로 야마나라시山鳴라 한다. 껍질이 희고 잎 뒷면이 은색인 은백양은 성경에서 이스라엘의 조상 야곱을 큰 부자로 만든 나무다.

야곱은 형 에서를 피해 외삼촌 라반의 집에서 14년을 일했다. 고향에 돌아가기로 결심한 그를 라반이 말리자, 앞으로 아롱지거나 점 있는 양과 염소가 태어나면 삯으로 달라고 한다. 야곱은 양과 염소가 물을 마시는 물구유 앞에 버드나무, 신풍나무, 살구나무의 껍질을 벗겨 흰 가지를 꽂아뒀다. 양과 염소는 그 앞에서 물을 마시고 짝짓기 해 아롱지고 점 있는 새끼를 낳는다. 야곱은 큰 부자가 돼서 고향으로 돌아간다.

여기서 버드나무는 버드나무과 사시나무속의 은백양, 신풍나무는 중국어 성경에서 풍수風樹에 기인한 플라타너스(양버즘나무), 살구나무는 아몬드나무다. 모두 나무껍질이 알록달록 아롱진다.

야곱의 일화는 '바라봄의 법칙'의 예로 인용되곤 한다. 일본에서 출간하자마자 베스트셀러를 기록한 모치즈키 도시타카의 《당신의 소중한 꿈을 이루는 보물 지도》(2004년)가 그것이다. '보물 지도'란 커다란 종이에 자신의 꿈을 쓰고 이미지와 사진을 붙인 다음, 벽에 걸어놓고 매일 자신에게 최면을 거는 스크랩 도구다.

마라톤 풀코스 완주, 100대 명산 등반 도전, 1년 100권 읽기, 1년 한 권 출간, 교육 기부, 헌혈 50회 금장 등으로 채운 보물 지도를 벽에 붙이고 수시로 바라봤다. 붓다는 말한다. "전생을 알고 싶은가? 그대의 오늘을 보라. 생의 앞날을 알고 싶은가? 그대의 오늘을 보라." 오늘이 자신의 인생을 만든다. 아롱진 은사시나무를 보며 희미해진 보물 지도를 다시 그린다.

조선 최고의 매화 로맨스

매화

겨울의 끝자락, 양재시민의숲 매헌윤봉길의사기념관 뜰에 매화가 피어난다. 윤봉길 의사의 호 매헌梅軒은 '동지섣달[37] 눈보라 속에서도 꽃을 피워 향기를 내는 매화처럼 고고한 기품과 충의를 간직하라'는 뜻이다.

37 동짓달과 섣달. 동짓달은 동지(양력 12월 22~23일)가 든 음력 11월, 섣달은 음력 12월이다.

만첩홍매화

1932년 4월 29일 상하이 훙커우虹口공원 단상에서 일본 국가 연주가 끝나갈 무렵, 윤 의사가 던진 물통 폭탄이 터지며 기념식 현장은 아수라장이 됐다. 당시 한중 관계는 악화 일로에 있었고, 일제의 이간질로 완바오산萬寶山사건(1931년)이 발생해 한국인과 중국인 사이에 유혈참극이 일어났다. 그러나 중국의 자존심에 상처를 낸 상하이사변(1932년)[38]을 자축하는 일제의

38 괴뢰정부 만주국을 수립한 일본이 자국 승려가 중국인에게 구타당한 것을 계기로 상하이 군대를 무장해제 한 사건.

기념식에서 일어난 훙커우공원의거로 독립운동은 일대 전환점을 맞았다. 장제스 총통은 "중국의 100만 대군도 못 한 일을 조선 청년이 해냈다"며 상하이임시정부를 적극 지원했고, 전후에는 '한국인의 노예 상태에 유의하여 적당한 시기에 한국을 자유 독립하게 할 것을 결의한다'는 카이로선언(1943년)[39]을 끌어내기도 했다.

매실나무는 '매화나무'로도 부르며, 선비의 절개를 상징하는 사군자의 맏이다. 눈에 덮인 설중매雪中梅, 달 밝은 밤의 월매月梅, 옥 같은 옥매玉梅, 향기가 진한 매향梅香, 들판에 핀 야매野梅다. 요즘 자주 쓰는 '볼매'라는 말은 '볼수록 매력 있다'는 뜻이다. 꽃잎을 떨군 꽃받침마저 여느 꽃 못지않게 예쁘다.

조선 최고의 매화 로맨스 주인공은 퇴계 이황과 관기 두향이다. 소설가 정비석이 쓴《명기열전》(1982년)에 따르면, 단양 군수로 부임한 퇴계는 두향을 만난다. 두향은 퇴계의 학문과 인품에 반했다. 부인과 사별한 퇴계도 시 · 서 · 가야금에 능한 두향을 마음으로 받아들였다. 퇴계 48세, 두향은 18세였다. 그러나 얼마 되지 않아 형 이해가 충청도 관찰사로 발령 나자, 상피제[40]에 따라 퇴계는 풍기 군수로 가야 했다. 떠나는 퇴계에게 두향은 시 한 수를 지어 수석, 매화분과 함께 건넸다. "이별이

39 루스벨트(미국), 처칠(영국), 장제스가 이집트 카이로에 모여 일본에 대한 연합국의 대응과 아시아의 전후 처리를 논의 · 발표한 공동선언.

40 비리를 막기 위해 가까운 친척이나 인척이 같은 관청이나 고향에서 근무하지 못하게 하는 제도.

하도 설워 잔 들고 슬피 울 때 / 어느 듯 술 다하고 님마저 가는구나 / 꽃 지고 새 우는 봄날을 어이할까 하노라”.

이후 두향은 퇴계와 거닐던 남한강 강선대에 움막을 짓고 살며 그를 그리워했다. 퇴계는 나중에 벼슬을 내려놓고 안동 도산서원에 은거하며 매화를 ‘매형’ ‘매군’ ‘매선’이라 불렀다. 그가 세상을 떠날 때 “저 매화분에 물을 주라”는 말을 남겼다. 두향은 퇴계의 부음에 사흘 길을 걸어 안동에 가서 조문했다. 강선대 위 초막으로 돌아온 두향은 이듬해 봄 거문고와 서책 등을 모두 태우고, 스스로 목숨을 끊어 퇴계의 뒤를 따랐다. 자료에 따라서는 강물에 뛰어들었다고도, 부자차를 끓여 마시고 죽었다고도 한다. 단양군에서는 해마다 두향제를 올린다.

어린 시절 세계 위인전, 한국 위인전, 한국사 이야기를 읽고 또 읽었다. ‘장부출가생불환丈夫出家生不還(대장부가 집을 떠나 뜻을 이루기 전에는 살아서 돌아오지 않는다)’이라는 글을 남기고 망명 길에 오른 매헌 윤봉길 의사의 매화를 봄이 오는 길목에서 만난다.

참고 문헌

김남길, 《나무가 자라야 사람도 살지!》, 풀과바람, 2015.

김성환, 《화살표 식물도감》, 자연과생태, 2016.

김옥임 · 남정칠, 《식물 비교 도감》, 현암사, 2009.

박상진, 《궁궐의 우리 나무》, 눌와, 2014.

박중환, 《식물의 인문학》, 한길사, 2014.

박효섭, 《나무가 좋아지는 나무책》, 궁리, 2020.

스테파노 만쿠소 · 알레산드라 비올라, 《매혹하는 식물의 뇌》, 양병찬 옮김, 행성B이오스, 2016.

에이미 스튜어트 · 조너선 로젠, 《사악한 식물들》, 조영학 옮김, 글항아리, 2021.

유기억, 《꼬리에 꼬리를 무는 풀 이야기》, 지성사, 2018.

유기억, 《노랫말 속 꽃 이야기》, 황소걸음, 2023.

유선경, 《문득, 묻다》, 지식너머, 2015.

유영만, 《나무는 나무라지 않는다》, 나무생각, 2017.

윤주복, 《봄 · 여름 · 가을 · 겨울 식물도감》, 진선아이, 2010.

이나가키 히데히로, 《세계사를 바꾼 13가지 식물》, 서수지 옮김, 사람과나무사이, 2019.

이상곤, 《왕의 한의학》, 사이언스북스, 2014.

이유미, 《내 마음의 들꽃 산책》, 진선BOOKS, 2021.

임경빈, 《나무 백과 2》, 일지사, 1982.

전영우, 《숲과 한국 문화》, 수문출판사, 1999.

제갈영, 《우리나라 야생화 이야기》, 이비락, 2008.

조양근, 《숲》, 문예바다, 2015.

차윤정, 《숲의 생활사》, 웅진닷컴, 2004.

최주영, 《재미있는 식물 이야기》, 가나출판사, 2014.

추순희, 《숲은 번개를 두려워하지 않는다》, 솔트앤씨드, 2015.

캐시어 바디, 《세계사를 바꾼 16가지 꽃 이야기》, 이선주 옮김, 현대지성, 2021.

크리스 베어드쇼, 《세상을 바꾼 식물 이야기 100》, 박원순 옮김, 아주좋은날, 2014.

헬렌 바이넘 · 윌리엄 바이넘, 《세상을 바꾼 경이로운 식물들》, 김경미 옮김, 사람의무늬, 2017.

현진오, 《사계절 꽃 산행》, 궁리, 2005.

현진오, 《알고 보면 더 재미있는 풀꽃 이야기》, 뜨인돌어린이, 2007.

황경택, 《숲 읽어주는 남자》, 황소걸음, 2018.

화학자 홍 교수의
식물 탐구 생활 | 나무

펴낸날 2024년 6월 21일 초판 1쇄
지은이 홍영식
만들어 펴낸이 정우진 강진영 김지영
꾸민이 Moon&Park(dacida@hanmail.net)
펴낸곳 (04091) 서울 마포구 토정로 222 한국출판콘텐츠센터 420호 도서출판 황소걸음
편집부 (02) 3272-8863
영업부 (02) 3272-8865
팩 스 (02) 717-7725
이메일 bullsbook@hanmail.net / bullsbook@naver.com
등 록 제22-243호(2000년 9월 18일)
ISBN 979-11-86821-94-7 04480
979-11-86821-92-3 (전2권)

황소걸음
Slow&Steady